コンクリート構造物の
力学基礎

―著者―

川上　洵

小野　定

岩城一郎

石川雅美

技報堂出版

まえがき

　近年コンクリート構造物に係る大きな課題はその長寿命化であり，供用されている構造物の安全性，使用性および耐久性に関し，要求される水準の確保のための補修・補強が重要となってきている。したがって，コンクリート構造物の設計および施工に関わる技術者には，力学基礎はじめコンクリート構造物の劣化やひび割れ等の変状に関し，十分な知識を有するとともに適切な診断と維持管理のできる能力が望まれるようになってきた。高等教育における「鉄筋コンクリート工学」や「維持管理工学」の講義においてもその対応が不可欠となってきた。

　そこで，本書の著者らは平成20年の4月に，「コンクリート構造物の力学－解析から維持管理まで－」を上梓した。同書はコンクリート構造物に関し，建設材料，構造力学の基礎および鉄筋コンクリートの力学が理解できるような内容になっていた。また，コンクリート構造物の変状とひび割れが詳述されていて，維持管理に繋がるような構成になっていた。建設系の大学および大学院における教科書として採用されるとともに設計施工に携わる技術者にも読まれてきた。しかし，紙面の制限から理論の活用や応用問題等への対処は必ずしも十分ではなく，演習に重点をおいた図書が望まれていた。また，実務においては，教科書どおりの例題はまれで，ほとんどの問題は基礎知識を集積して，最適な解を求めることになる。

　本書は，はじめにコンクリートの構造物の力学に関わる基礎的事項を「Ⅰ要点」としてまとめた。つづく「Ⅱ問題」は基本問題と応用問題とに分け，できるだけ多くの問題に取り組むような構成になっている。また，実務に応用できるよう表計算ソフトを利用しての数値計算法も盛込んでいる。専門科目を学習する学部学生および大学院生，コンクリート構造物の設計施工に関わる技術者，さらにメンテナンスに関わるコンクリート診断士にとり，多少なりともお役に立てれば幸いである。

最後に，本書の作成に当たり多大なご協力を頂いた技報堂出版の石井洋平，星 憲一の両氏に深甚の謝意を表する次第である。

　2011年3月

著　者

目　次

I　要　点

1　コンクリート力学を学ぶために …………………………… *2*
　1.1　力と変形の基礎　*2*

2　設計法 ………………………………………………………… *9*
　2.1　設計法　*9*
　2.2　性能照査　*10*
　2.3　耐久性の照査　*10*
　2.4　設計の手順　*11*

3　曲げを受ける鉄筋コンクリート部材 ……………………… *12*
　3.1　ひび割れ発生前（状態 I）　*13*
　3.2　ひび割れ発生後（状態 II）　*14*
　3.3　高さの変化する部材　*17*
　3.4-1　曲げ耐力　*19*
　3.4-2　単鉄筋矩形断面に関する等価応力ブロックによる曲げ耐力　*21*

4　鉄筋コンクリート柱 ………………………………………… *23*
　4.1　有効長さと細長比　*24*
　4.2　短柱と長柱　*24*
　4.3　帯鉄筋柱の耐力　*24*
　4.4　らせん鉄筋柱の耐力　*24*

5 偏心軸圧縮力が RC 部材断面のコア外に作用する場合のコンクリートおよび鉄筋の応力 …………… 26

6 せん断力を受ける鉄筋コンクリート部材 …………… 28
6.1　概　説　　*28*
6.2　せん断補強鉄筋を有しない鉄筋コンクリートはりのせん断力　　*28*
6.3　せん断補強鉄筋を有する鉄筋コンクリートはりのせん断力　　*29*
6.4　モーメントシフト　　*30*

7 ひび割れ …………………………………………………… 31

8 コンクリート構造と温度応力 …………………………… 35
8.1　温度応力に関する基本的な考え方　　*35*
8.2　CP 法の概要　　*36*
8.3　CP 法の基本式の導出　　*37*

9 維持管理 …………………………………………………… 43

II 問題

基本問題 1　断面諸量　*46*
　　　cameo 知っとくコーナー：1　*49*
　　　cameo 知っとくコーナー：2　*53*
基本問題 2　I 形断面　*56*
基本問題 3　箱形断面　*59*
基本問題 4　片持ちばり・主応力　*62*
基本問題 5　主応力　*64*
基本問題 6　鉄筋　*65*
基本問題 7　設計・穴埋め　*66*
応用問題 1　合成・剛性　*68*
応用問題 2　T 形断面鋼板接着　*70*
基本問題 8　設計法　*73*
基本問題 9　耐久性照査　*74*
基本問題 10　安全性設計　*75*
基本問題 11　RC 単純桁・矩形断面　*76*
基本問題 12　円形断面　*78*
応用問題 3　円形断面の数値計算　*81*
　　　cameo 知っとくコーナー：3　*84*
応用問題 4　高さの変化するはりの数値計算　*88*
基本問題 13　RC 部材　*90*
基本問題 14　曲げ耐力-鉄筋比　*91*
応用問題 5　T 形断面の曲げ耐力　*95*
応用問題 6　複鉄筋断面の曲げ耐力　*100*

基本問題 15	帯鉄筋柱の設計	*103*
基本問題 16	らせん鉄筋柱の設計	*105*
基本問題 17	曲げ・軸力を受ける矩形断面	*108*
応用問題 7	片持ちばり-曲げ・軸力	*112*
cameo	知っとくコーナー：4	*116*
基本問題 18	せん断補強	*126*
応用問題 8	せん断補強	*128*
基本問題 19	ラーメン・ひび割れ	*132*
基本問題 20	はり・ひび割れ	*134*
基本問題 21	はり・ひび割れ	*137*
基本問題 22	はり・ひび割れ	*140*
基本問題 23	クランク・ひび割れ	*142*
基本問題 24	両端固定ばり・ひび割れ	*143*
基本問題 25	はり柱・ひび割れ	*145*
基本問題 26	RC 部材・ひび割れ	*147*
応用問題 9	連続ラーメン柱のひび割れ	*150*
応用問題 10	壁部材のひび割れ	*152*
応用問題 11	壁部材の収縮ひび割れ	*154*
応用問題 12	はり柱に拘束された壁の乾燥収縮ひび割れ	*156*
応用問題 13	壁-開口部のひび割れ	*159*
応用問題 14	壁部材の収縮ひび割れ	*161*
応用問題 15	壁-開口部の温度ひび割れ	*163*
応用問題 16	床スラブのひび割れ	*165*
応用問題 17	壁部材の収縮ひび割れ	*167*
基本問題 27	温度による部材の伸びと応力	*170*
基本問題 28	ばねで拘束された部材の温度による伸びと応力	*173*

応用問題 18　ばねで拘束された部材の温度による伸びと応力　*176*

応用問題 19　台形ブロックの温度応力　*177*

応用問題 20　収縮ひずみの最終値 ε'_{sh} の計算　*181*

応用問題 21　劣化によるひび割れ　*183*

応用問題 22　擁壁頂部のひび割れ　*185*

応用問題 23　海岸部パラペットのひび割れ　*187*

応用問題 24　寒冷地擁壁頂部のひび割れ　*190*

応用問題 25　寒冷地山間地域の擁壁頂部のひび割れ　*193*

I 要　点

1 コンクリートの力学を学ぶために

1.1 力と変形の基礎

(1) 断面諸量

物体は外力を受けると変形するが，力と変形の関係は断面諸量に依存する。すなわち物体が軸力，せん断力，曲げモーメントを受ける際，それぞれ断面積，断面1次モーメント，断面2次モーメントが大きいと，変形量は小さくなる。

ここで，断面積：$A(\mathrm{m}^2)$ は $A = \int dA$

断面1次モーメント：$B(\mathrm{m}^3)$ は面積と距離の積で表される断面諸量

x 軸に関する断面1次モーメント $B_x = \int y dA$

y 軸に関する断面1次モーメント $B_y = \int x dA$

断面2次モーメント：$I(\mathrm{m}^4)$ は面積と距離の二乗の積で表される断面諸量

$$I_x = \int y^2 dA, \quad I_y = \int x^2 dA, \quad I_{xy} = \int xy dA$$

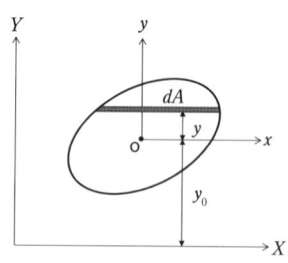

図-1.1　断面諸量

それぞれ，x 軸に関する断面 2 次モーメント，y 軸に関する断面 2 次モーメント，および x–y 軸に関する断面相乗モーメント。
ここで，

$$\begin{aligned}
I_X &= \int Y^2 dA = \int (y_0 + y)^2 dA \\
&= \int (y_0^2 + 2y_0 y + y^2) \, dA \\
&= y_0^2 \int dA + 2y_0 \int y dA + \int y^2 dA \\
&= y_0^2 A + 0 + I_{nx} = y_0^2 A + I_{nx}
\end{aligned}$$

ただし，y_0：図心までの距離
I_{nx}：図心を通る軸 x に関する断面 2 次モーメント

(2) 力と変形の基本

物体は外力を受けると変形する。また，外力を受けると内力が発生する。その状態で物体が静止していれば，外力同士，あるいは任意の断面で切った際の内力と外力が釣り合っていることになる。

図-1.2 に支間中央に集中荷重 P が作用した単純支持の弾性体はりを示す。

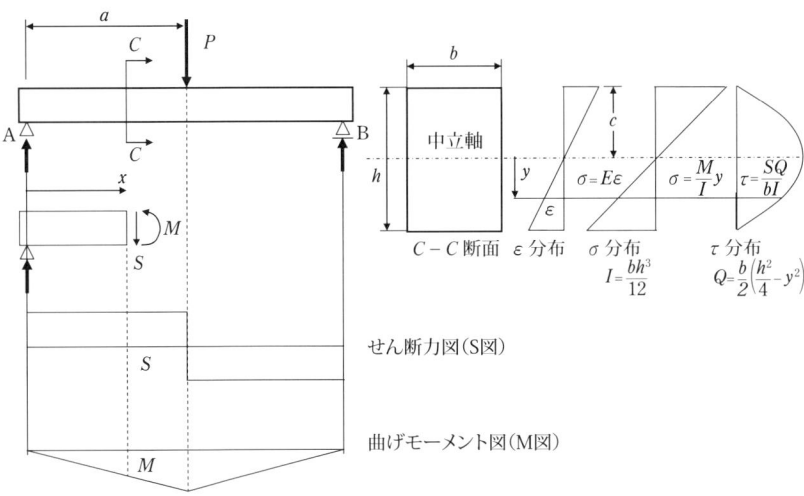

図-1.2 弾性体はりの断面力図とひずみおよび応力分布

I 要点

外力 P は両支点により支えられ，断面内には，せん断力 S と曲げモーメント M が発生する。支点 A から x の位置での内力すなわち断面力(せん断力および曲げモーメント)は，外力との釣合いから算出することができる。これを図化したものがせん断力図(S 図)および曲げモーメント図(M 図)である。こうして，ある断面における断面力，例えば，曲げモーメント M が算出できれば，断面形状を表す断面 2 次モーメント I により，その断面内の曲げ応力 σ の分布を求めることができる。同様に，ある断面におけるせん断力 S が求まれば，断面 1 次モーメント B より，その断面内のせん断応力 τ の分布を表すことができる。さらに，材料の応力(σ)とひずみ(ε)の関係(応力－ひずみ関係，σ－ε 関係)がわかっていれば，断面内のひずみの分布から応力の分布も算出可能である。

一方，外力(荷重 P)がわかれば，部材の変位(δ)を算出することができる(荷重－変位関係，P－δ 関係)。あるいは，曲げモーメント M と曲率 ϕ との間にも関係(曲げモーメント－曲率関係，M－ϕ 関係)が成り立つ。ここで曲率とは，たわんだはりの曲がりの程度を表した指標である。図-1.3 より，曲げモーメント M を受け，たわんだはりの一部(微小区間 dx)を取り出すと，この部分のたわみ曲線は，中心角 $d\theta$ を挟んで交わる半径 ρ(曲率半径)の円弧をなすものと考えてよい。その時，曲率 ϕ は曲率半径の逆数 $1/\rho$ で表され，はりの中立軸から y だけ離れた部分の変形を Δdx，ひずみを ε とすると，相似よ

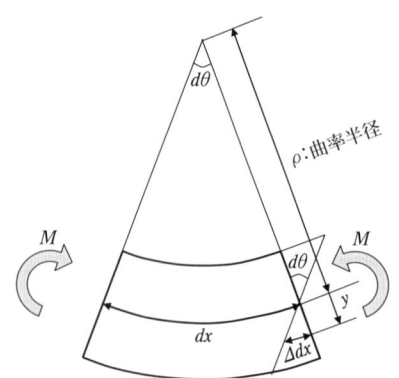

図-1.3　曲率の概念

り，$\rho : y = dx : \Delta dx$ が成り立つ。さらにひずみの定義は，元の長さに対する伸び縮みした長さで表される指標であることから，ここでは $\varepsilon = \Delta dx / dx$ で表される。以上より，曲率 $\phi = \varepsilon / y$ となる。つまり曲率とは断面内のひずみ分布（図-1.2 参照）の傾きということになる。

このように，部材に作用する外力の大きさ，作用位置，向きがわかれば，その部材の断面力，断面内の応力分布およびひずみ分布，変形等を求めることが可能となる。これらの力と変形の関係の概念を表したものを図-1.4 に示す。図中には，支間中央に集中荷重 P を受けた弾性体はり（図-1.2 参照）に対して求めた各関係式（P–δ 関係，M–ϕ 関係，σ–ε 関係）を併せて示す。

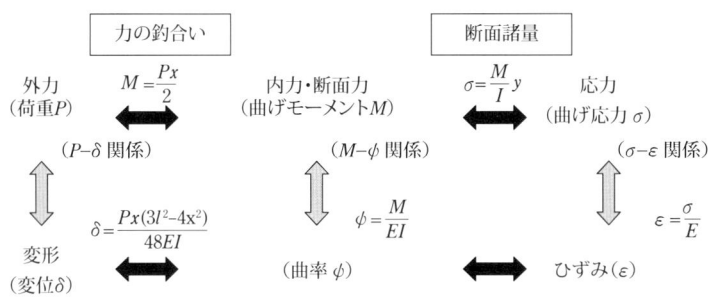

図-1.4 力と変形の関係

弾性体はりの任意の断面における軸力および曲げモーメントの釣合いを考え，これをマトリックス表示すると以下のようになる。

$$\begin{Bmatrix} N \\ M \end{Bmatrix} = E \begin{bmatrix} A & B \\ B & I \end{bmatrix} \begin{Bmatrix} \varepsilon_0 \\ \phi \end{Bmatrix} \tag{1.1}$$

ここで，E：ヤング係数
　　　　A：断面積
　　　　B：基準点 O に関する断面 1 次モーメント
　　　　I：基準点 O に関する断面 2 次モーメント
である。

軸力 N，曲げモーメント M が既知の場合，断面のひずみ ε_0 と曲率 ϕ は式

(1.1) より，次の式 (1.2) により表される。

$$\begin{Bmatrix} \varepsilon_0 \\ \phi \end{Bmatrix} = \frac{1}{E(AI-B^2)} \begin{bmatrix} I & -B \\ -B & A \end{bmatrix} \begin{Bmatrix} N \\ M \end{Bmatrix} \quad (1.2)$$

また，任意の距離 y におけるひずみの ε は，式 (1.3) により与えられる。

$$\varepsilon_y = \varepsilon_0 + \phi y \quad (1.3)$$

さらに，図心の位置 $y=c$（基準点 O から図心までの距離，中立軸深さ）では，$\varepsilon_y=0$ であるから，

$$c = -\frac{\varepsilon_0}{\phi} = \frac{B}{A} \quad (1.4)$$

となる。

（3） 弾性体はりの応力状態

断面内の応力状態を考える際に基本となるのは弾性体はりの応力状態である。図-1.5 に等分布荷重を受ける等質弾性体はりの主応力線図を示す。図中の実線が主引張応力線，点線が主圧縮応力線である。図より，曲げモーメン

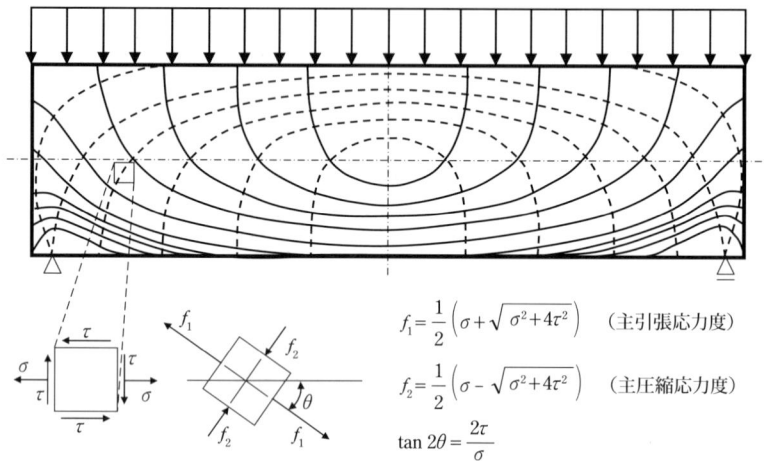

図-1.5　等分布荷重を受ける等質弾性体はりの主応力線図

トが卓越する支間中央部付近では，主応力線がはりの下縁から垂直に進展しているが，せん断力が卓越する支点付近では上方に向かうにつれ，主圧縮応力線の傾きが緩やかになっていることがわかる。また，主引張応力線は主圧縮応力線と垂直に交わっている。ある要素を取り出した際の，主引張応力度と主圧縮応力度および部材軸に対する主応力の向きは図中の式によりそれぞれ与えられる。

ここで，支間中央に集中荷重 P が作用した弾性体はりの断面内の応力状態を考える。前述の図-1.2 の曲げモーメント図より，曲げモーメントは載荷点で最大となり，支点に向かうにつれ直線的に減少し，支点で 0 になる。一方，せん断力は載荷点で正負の値が逆になり，支点から載荷点までの間(せん断スパン a)でそれぞれ等しい値を示す。曲げモーメント M に対する断面内の曲げ応力 σ は，断面 2 次モーメントを I，中立軸からの距離を y とすると，$\sigma=(M/I) \cdot y$ で表される。すなわち，中立軸からの距離に比例し分布することになる。一方，せん断力 S に対する断面内のせん断応力 τ は，断面 1 次モーメントを B，断面の幅を b，断面 2 次モーメントを I とすると，$\tau=SB/(bI)$ で表される。ここで，B は中立軸からの距離 y の 2 次式で表されるため，その分布は図に示されるように，上下縁で 0，中立軸で最大となる放物線を描く。

(4) 鉄筋の種類

鉄筋は，その形状から丸鋼(Steel Round bar：SR)と異形棒鋼(Steel Deformed bar：SD)に分けられる。材質は表-1.1 のように，丸鋼 2 種類と異形棒鋼 5 種類があり，また記号における数値は降伏点の下限値を示している。

表-1.2 に異形棒鋼の単位質量と標準寸法を示す。異形棒鋼の公称直径，公称断面積および公称周長は，この鉄筋を丸棒とみなし鉄筋の呼び径に対応する単位質量と鋼材の密度 7.85 g/cm³ から算出されている。また，異形棒鋼の

表-1.1 鉄筋の機械的性質

種類の記号	降伏点または 0.2%耐力 (N/mm²)	引張強さ (N/mm²)
SR235	235 以上	380 〜 520
SR295	295 以上	440 〜 600
SD295A	295 以上	440 〜 600
SD295B	295 〜 390	440 以上
SD345	345 〜 440	490 以上
SD390	390 〜 510	560 以上
SD490	490 〜 625	620 以上

I 要点

引張強さと降伏点は，実断面積の測定が困難であるので公称断面積を用いている。

表-1.2　異形棒鋼の単位質量および標準寸法

呼び名	単位質量 (kg/m)	公称直径(d) (mm)	公称断面積(S) (cm^2)	公称周長(l) (cm)
D6	0.249	6.35	0.3167	2.0
D10	0.560	9.53	0.7133	3.0
D13	0.995	12.7	1.267	4.0
D16	1.56	15.9	1.986	5.0
D19	2.25	19.1	2.865	6.0
D22	3.04	22.2	3.871	7.0
D25	3.98	25.4	5.067	8.0
D29	5.04	28.6	6.424	9.0
D32	6.23	31.8	7.942	10.0
D35	7.51	34.9	9.566	11.0
D38	8.95	38.1	11.40	12.0
D41	10.5	41.3	13.40	13.0
D51	15.9	50.8	20.27	16.0

2 設計法

2.1 設計法

　現在まで，示方書類に採用された設計法には許容応力度法，終局強度設計法，限界状態設計法があり，それらは，使用時と終局時のどちらを重視するか，安全度の照査方法などについて違いがある。

　土木学会コンクリート標準示方書では，これまで許容応力度法が用いられていた。許容応力度法とは，コンクリートの引張応力を無視するなどいくつかの仮定の下，弾性理論によって計算した鉄筋およびコンクリートの応力度がそれぞれ許容応力度以下とすることで部材の安全を確認する方法である。この方法は簡便であり長年の実績がある。しかし，材料強度の変動はもとより応力度算定の誤差など多くの不確定性を一つの安全率によって表し，材料強度を安全率で割った値を許容応力度として部材の安全性を検討するため，部材の安全性が不明瞭であるだけでなく経済性の観点でも必ずしも合理的な方法とは言えなかった。ヨーロッパでは1970年代から限界状態設計法の考え方が設計基準に採り入れられ，日本では1986年に土木学会コンクリート標準示方書が改訂された際，その「設計編」において限界状態設計法が採り入れられた。さらに，2002年のコンクリート標準示方書の改訂では，それまでの仕様規定型から性能照査型に設計方法が改められた。

　2007年制定　コンクリート標準示方書［設計編］では，構造物の耐久性，安全性，使用性などに関する要求性能を明確にし，これを信頼性が高く合理的な方法で照査することを，設計作業段階における原則としている。

2.2 性能照査

2007年制定 コンクリート標準示方書[設計編]では，性能照査の方法は限界状態設計法としている。要求性能に関する限界状態の例として，**表-2.1**に示すものを上げている。

表-2.1 要求性能，限界状態，照査指標

要求性能	限界状態	照査指標
安全性	断面破壊	力
	疲労破壊	応力度・力
	変位変形・メカニズム	変形・基礎構造による変形
使用性	外観	ひび割れ幅，応力度
	振動	騒音・振動レベル
	車両走行の快適性	変位・変形
	水密性	構造体の透水量 ひび割れ幅
	損傷（機能維持）	力・変形等

限界状態の照査は，次式により応答値と限界値との比較を行う。

$$\gamma_i \cdot S_d / R_d \leq 1.0$$

ここに，S_d：設計応答
 R_d：設計限界値
 γ_i：構造物係数

2.3 耐久性の照査

2007年制定 コンクリート標準示方書[設計編]では，構造物は設計耐用期間にわたり所用の性能(安全性，使用性，第三者影響度，美観・景観，耐久性)を確保しなければならないと規定している。また，照査する劣化現象として，塩害および中性化による鋼材腐食，凍害，アルカリシリカ反応および化

学的侵食を上げている。これらの劣化や変状が設計耐用期間中に生じないようにするか，あるいは生じても構造物の性能の低下が生じない範囲にとどまるように設計するものとしている。具体的な照査方法は，塩害および中性化による鋼材腐食，凍害および化学的腐食は「設計編」に，アルカリシリカ反応および練混ぜ時よりコンクリート中に存在する塩化物イオンによる塩害については「施工編」に示されている。

鋼材の腐食に対するひび割れ幅の限界値は，構造物の環境条件に応じて定めるものとしている。環境条件は，「一般の環境」，「腐食性環境」および「とくに厳しい腐食性環境」に区分されている。ひび割れ幅の限界値は，このような環境条件，かぶりおよび鋼材の種類に応じて**表-2.2**により算出することができる。ひび割れ幅の限界値は，かぶりcの関数となっている。なお，適用できるかぶりcは，100mm以下を標準としている。

表-2.2　鋼材の腐食に対するひび割れ幅の限界値 w_a(mm)

鋼材の種類	鋼材の腐食に対する環境条件		
	一般の環境	腐食性環境	とくに厳しい腐食性環境
異形鉄筋・普通丸鋼	$0.005c$	$0.004c$	$0.0035c$
PC鋼材	$0.004c$	—	—

2.4　設計の手順

まず，構造物の要件，要求性能を設定し，構造計画を立てる。構造計画では，構造形式，概略構造（断面形状，材料），施工方法を設定する。そして，設計荷重等を設定後，構造解析を実施し，断面力，耐力等を算定する。その結果に基づいて，断面形状，材料，配筋等の構造詳細を設定し，性能照査を行う。照査で満足しない項目があれば，構造詳細を見直すことになる。すべての項目を満足した条件で，構造，材料，施工方法等を決定する。なお，構造計画と構造詳細の設定にあたっては，施工性や維持管理の容易さなどを考慮する必要がある。

3 曲げを受ける鉄筋コンクリート部材

　図-3.1のように鉄筋コンクリート梁に荷重Pが作用するとき，支間中央断面の応力状態は，曲げモーメントMの大きさにより図-3.1(a)から(d)のように変化する。図-3.1(e)は曲げモーメントMと曲率ϕの関係を示しているが，状態Ⅰおよび状態Ⅱにおける応力ならびに破壊時の曲げ耐力を算定する。

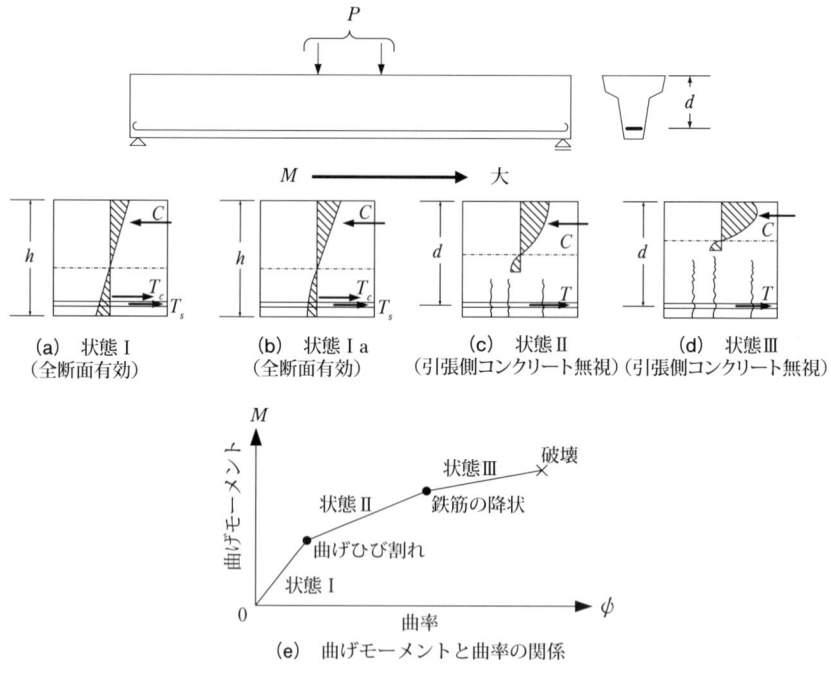

図-3.1　曲げを受ける鉄筋コンクリートはり

3.1 ひび割れ発生前(状態Ⅰ)

曲げひび割れ発生前の断面は状態Ⅰにあり，全断面有効として応力およびひずみを算定する。ただし，鉄筋コンクリート部材において，鉄筋の断面積は実際の面積の$n(=E_s/E_c)$倍に置き換える。ここで，nは弾性係数比，E_cはコンクリートの弾性係数，E_sは鉄筋の弾性係数である。

図-3.2(a)の任意形状の断面に曲げモーメントMが作用するとき，中立軸は換算断面の図心と一致するので，

$$B=0 \tag{3.1}$$

ここで，Bは中立軸を基準としたときの換算断面1次モーメントである。

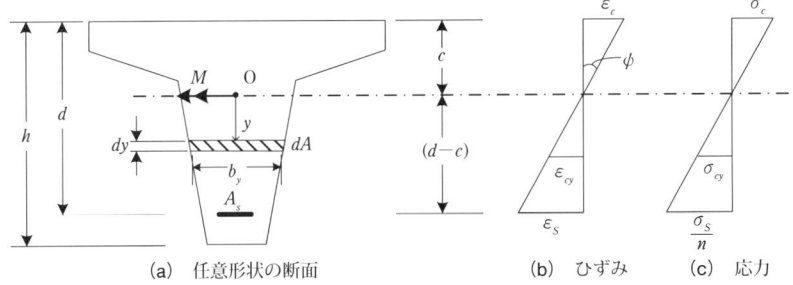

(a) 任意形状の断面　　(b) ひずみ　　(c) 応力

図-3.2　曲げを受ける鉄筋コンクリート部材(状態Ⅰ)

基準点Oを中立軸位置に設定し，yは下向きを正とする。**図-3.2(b)**のように任意点yのひずみε_{cy}は，

$$\varepsilon_{cy}=\phi y \tag{3.2}$$

で与えられる。また，**図-3.2(c)**からコンクリートの応力σ_{cy}および鉄筋の応力σ_sは，

$$\sigma_{cy}=E_c\varepsilon_{cy}=E_c\phi y \tag{3.3}$$

$$\sigma_s=E_s\varepsilon_s=nE_c\phi(d-c) \tag{3.4}$$

I 要点

図-3.2(a)の断面に作用する曲げモーメント M と，図-3.2(c)の応力分布から，曲げモーメントと曲率の関係は，

$$M = \int \sigma_{cy} y dA + A_s \sigma_s (d-c) = E_c \int_{-c}^{h-c} \phi y^2 b_y dy + nE_c \phi A_s (d-c)^2$$

であり，

$$M = E_c \phi \left[I_c + nA_s(d-c)^2 \right] = E_c \phi I \tag{3.5}$$

ここで，I は基準点 O に関する換算断面2次モーメントである。これより，

$$\phi = \frac{M}{E_c I} \tag{3.6}$$

したがって，任意点のコンクリートの応力は，

$$\sigma_{cy} = E_c \varepsilon_{cy} = E_c \phi y = \frac{M}{I} y \tag{3.7}$$

鉄筋の応力は，

$$\sigma_s = nE_c \phi (d-c) = \frac{nM}{I}(d-c) \tag{3.8}$$

3.2 ひび割れ発生後（状態 II）

ひび割れ発生後，状態 II の断面に生じる応力とひずみを算定する。応力の算定において，次の3つの仮定を設ける。

① 繊ひずみは，断面の中立軸からの距離に比例する。これは平面保持の仮定である。
② コンクリートの弾性係数 E_c および鉄筋の弾性係数 E_s は一定である。これは，弾性体の応力とひずみは比例するというフックの法則を仮定する。
③ コンクリートの引張応力は無視する。

(1) コンクリートおよび鉄筋の応力

図-3.3(a)の鉄筋コンクリート断面において，基準点 O を中立軸位置に設定し，y は下向きを正とする。任意点 y におけるコンクリートの応力 σ_{cy} および鉄筋の応力 σ_s は，

3 曲げを受ける鉄筋コンクリート部材

$$\sigma_{cy} = \begin{cases} E_c \varepsilon_{cy} = E_c \phi y & y<0 \\ 0 & y\geq 0 \end{cases} \quad (3.9)$$

$$\sigma'_{si} = E_s \varepsilon'_{si} = E_s \phi y'_{si} \qquad y'_{si}<0 \quad (3.10)$$

$$\sigma_{si} = E_s \varepsilon_{si} = E_s \phi y_{si} \qquad y_{si} \geq 0 \quad (3.11)$$

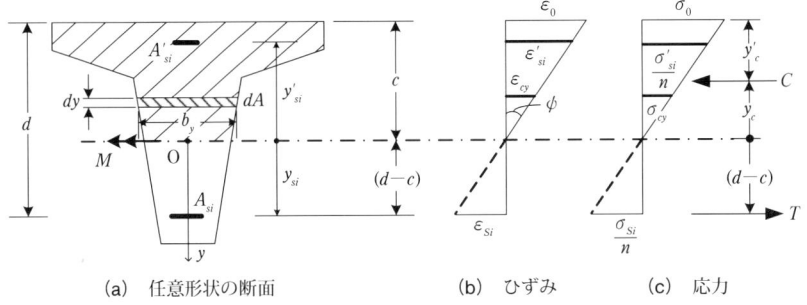

図-3.3 曲げを受ける鉄筋コンクリート部材(状態 II)

(2) 換算断面諸量と中立軸位置

弾性係数比を $n=E_s/E_c$ とすると,

$$A = A_c + n\sum(A'_{si}+A_{si})$$
$$B = B_c + n\sum(A'_{si}y'_{si}+A_{si}y_{si})$$
$$I = I_c + n\sum A'_{si}{y'_{si}}^2 + n\sum A_{si}y_{si}^2$$

ここで, A_c, B_c, I_c は図-3.3(a)における中立軸から圧縮縁までの斜線部のコンクリート部に関するものである。

中立軸深さ c は換算断面1次モーメント B に関し, $B=0$ の条件から,次の式(3.12)より得られる。

$$B_c + n\sum(A'_{si}y'_{si}+A_{si}y_{si})=0 \quad (3.12)$$

なお,単鉄筋矩形断面(幅 b, 有効高さ d, 引張鉄筋量 A_s)のとき,

$$-\frac{bc^2}{2}+nA_s(d-c)=0 \quad \text{より,}$$

I 要点

$$c = -\frac{nA_s}{b} + \sqrt{\left(\frac{nA_s}{b}\right)^2 + 2n\frac{A_s d}{b}} \tag{3.13}$$

(3) コンクリートおよび鉄筋の応力

任意点 y におけるコンクリートの応力 σ_{cy} は,

$$\sigma_{cy} = E_c \varepsilon_{cy} = E_c \phi y = \frac{M}{I} y \tag{3.14}$$

圧縮縁のコンクリートの応力 σ_c は,

$$\sigma_c = \frac{M}{I} c \tag{3.15}$$

圧縮鉄筋の応力 σ'_s および引張鉄筋の応力 σ_s は,

$$\sigma'_s = E_s \varepsilon'_{si} = E_s \phi y'_{si} = \frac{nM}{I} y'_{si} \tag{3.16}$$

$$\sigma_s = E_s \varepsilon_{si} = E_s \phi y_{si} = \frac{nM}{I} y_{si} \tag{3.17}$$

(4) 圧縮力 C の作用位置 y_c

圧縮力 C は,

$$C = \int_{-c}^{0} \sigma_{cy} b_y dy + \sum \sigma'_{si} A'_s$$

であり,その作用位置 y_c は,中立軸に関するモーメントの釣合いから,

$$y_c = \frac{\int_{-c}^{0} \sigma_{cy} y b_y dy + \sum \sigma'_{si} A'_s y'_{si}}{\int_{-c}^{0} \sigma_{cy} b_y dy + \sum \sigma'_{si} A'_s} \tag{3.18}$$

単鉄筋矩形断面のとき

$$y_c = \frac{\frac{M}{I} b \int_{-c}^{0} y^2 dy}{\frac{M}{I} b \int_{-c}^{0} y dy} = \frac{\frac{1}{3} c^3}{-\frac{1}{2} c^2} = -\frac{2}{3} c$$

となる。

3.3 高さの変化する部材

図-3.4のように支点と支間中央で高さの異なる鉄筋コンクリートはりに曲げモーメントが作用するとき，図-3.5(a)の部材断面における応力分布は図-3.5(b)のように示される。水平方向の釣合いから，

$$C'_c + C'_s + T' = 0$$

図-3.5(b)より

$$C_c \cos\alpha + C_s \cos\alpha' + T \cos\beta = 0$$

図-3.4　高さの変化するはり

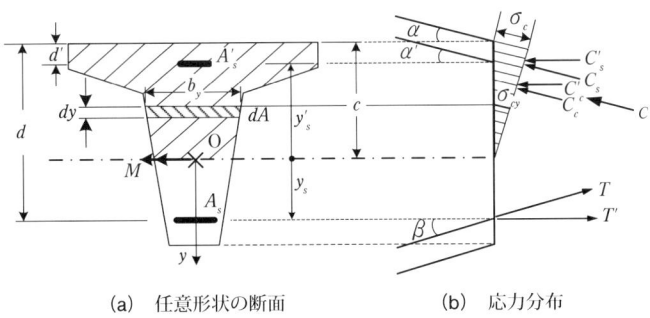

(a) 任意形状の断面　　(b) 応力分布

図-3.5

I 要点

ここで,
$$C_c = \int \sigma_{cy} \cos\alpha \, dA$$

である。

基準点 O を中立軸上にとるとき,中立軸深さ c は次式から得られる。

$$B_c \cos^2\alpha + B'_s \cos\alpha' + B_s \cos\beta = 0 \tag{3.19}$$

ここで,B_c:中立軸に関する圧縮部コンクリートの断面 1 次モーメント
　　　　B'_s:中立軸に関する圧縮鉄筋の換算断面 1 次モーメント($=nA'_s y'_s$)
　　　　B_s:中立軸に関する引張鉄筋の換算断面 1 次モーメント($=nA_s y_s$)
　　　　α:コンクリート圧縮縁が水平面となす角度
　　　　α':圧縮鉄筋が水平面となす角度
　　　　β:引張鉄筋が水平面となす角度

である。

コンクリート圧縮縁の応力 σ_c,圧縮鉄筋の応力 σ'_s および引張鉄筋の応力 σ_s は,

$$\sigma_c = \frac{M}{I_i} c$$

$$\sigma'_s = \frac{nM}{I_i} y'_s$$

$$\sigma_s = \frac{nM}{I_i} y_s$$

ここで,

$$I_i = I_c \cos\alpha^2 + nA'_s y'^2_s \cos\alpha' + nA_s y_s^2 \cos\beta$$

また,圧縮力の作用位置 y_c は,次式から求まる。

$$y_c = \frac{I_c \cos^2\alpha + nA'_s y'^2_s \cos\alpha'}{B_c \cos^2\alpha + nA'_s y'_s \cos\alpha'} \tag{3.20}$$

ここで,I_c:中立軸に関する圧縮部コンクリートの断面 2 次モーメントである。

3.4-1　曲げ耐力

図-3.6 に終局時のひずみと応力状態を示す。曲げ耐力は次の仮定のもとに算出される。

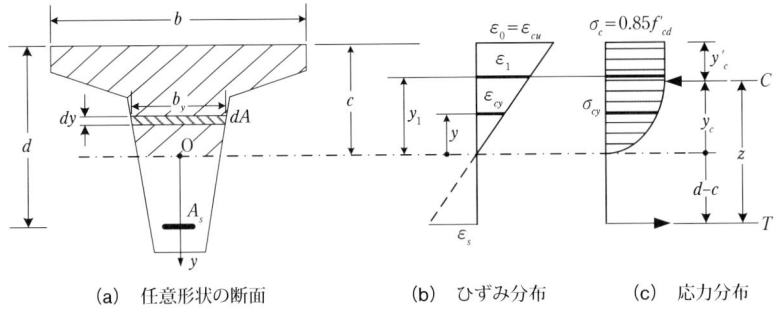

(a)　任意形状の断面　　(b)　ひずみ分布　　(c)　応力分布

図-3.6　単鉄筋コンクリート断面

① 平面保持の仮定が成り立つ。
② コンクリートの引張抵抗は無視する。
③ 圧縮縁のひずみが終局圧縮ひずみ ε_{cu} に達したとき断面に破壊が生じる。
④ コンクリートおよび鉄筋の応力‒ひずみ曲線は図-3.7 に従うものとする。

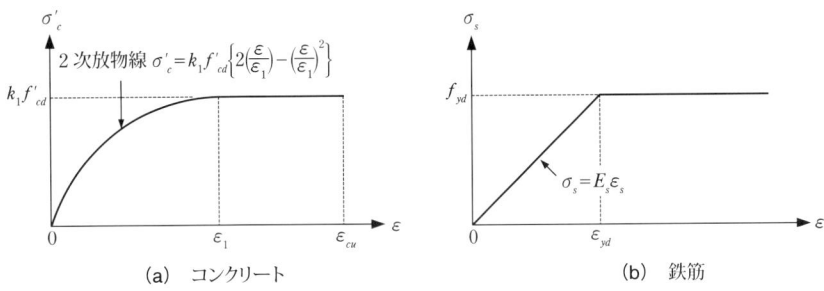

(a)　コンクリート　　　　　　　(b)　鉄筋

図-3.7　コンクリートおよび鉄筋の応力‒ひずみ関係

図-3.6 より基準点 O から任意の点 y は，下向きを正とし，任意点のひずみ ε_{cy} および y_1 におけるひずみ ε_1 は，

$$\varepsilon_{cy} = -\frac{y}{c}\varepsilon_{cu}, \quad \varepsilon_1 = \frac{y_1}{c}\varepsilon_{cu}, \quad \frac{\varepsilon_{cy}}{\varepsilon_1} = \frac{-\dfrac{y}{c}\varepsilon_{cu}}{\dfrac{y_1}{c}\varepsilon_{cu}} = -\frac{y}{y_1}$$

(1) コンクリートと鉄筋の応力ひずみ関係

$$\left.\begin{array}{ll} \text{①} \ \sigma_{cy} = k_1 f'_{cd} & -c < y < -y_1 \\ \text{②} \ \sigma_{cy} = k_1 f'_{cd} \left\{ -2\left(\dfrac{y}{y_1}\right) - \left(\dfrac{y}{y_1}\right)^2 \right\} & -y_1 \leq y < 0 \\ \text{③} \ \sigma_{cy} = 0 & y \geq 0 \end{array}\right\} \quad (3.21)$$

一般に，$k_1 = 0.85$，$\varepsilon_1 = 0.0020$，$\varepsilon_{cu} = 0.0035$ の値をとる。

(2) 中立軸位置 c の計算

コンクリートに作用する圧縮力 C は

$$\begin{aligned} C &= \int_{-c}^{0} \sigma_{cy} b_y dy \\ &= \int_{-c}^{-y_1} k_1 f'_{cd} b_y dy + \int_{-y_1}^{0} k_1 f'_{cd} \left\{ -2\left(\dfrac{y}{y_1}\right) - \left(\dfrac{y}{y_1}\right)^2 \right\} b_y dy \end{aligned} \quad (3.22)$$

矩形断面（幅 b）のとき，

$$C = k_1 f'_{cd} bc \left(1 - \dfrac{\varepsilon_1}{3\varepsilon_{cu}}\right)$$

鉄筋の引張力は，$T = \sigma_s A_s$ であり，鉄筋の応力 σ_s は，弾性域内にある場合と降伏点に達している場合とに分けられる。

$$\left.\begin{array}{ll} \sigma_s = E_s \varepsilon_s & (\varepsilon_s < \varepsilon_{yd}) \\ \sigma_s = f_{yd} & (\varepsilon_s \geq \varepsilon_{yd}) \end{array}\right\} \quad (3.23)$$

水平方向力の釣合い $C = T$ から，中立軸の位置を示す c が決定される。

(3) 圧縮力 C の作用位置および内力間距離 z

圧縮力 C の作用位置 y_c は，中立軸に関するモーメントの釣合いから，

$$y_c = \dfrac{\int_{-c}^{0} \sigma_{cy} y b_y dy}{\int_{-c}^{0} \sigma_{cy} b_y dy} \quad (3.24)$$

図-3.6(c)のように内力間距離 z は，

$$z = d - c + y_c \tag{3.25}$$

単鉄筋矩形断面のとき

$$y_c = \frac{\left\{-\frac{1}{2} + \frac{1}{12}\left(\frac{\varepsilon_1}{\varepsilon_{cu}}\right)^2\right\}c}{1 - \frac{1}{3}\left(\frac{\varepsilon_1}{\varepsilon_{cu}}\right)} = -0.584c$$

また，圧縮力 C の作用位置は，圧縮縁から y'_c であり，

$$y'_c = 0.416c$$

(4) 曲げ耐力の算定

$$M_u = Cz = Tz = \sigma_s A_s z \tag{3.26}$$

3.4-2 単鉄筋矩形断面に関する等価応力ブロックによる曲げ耐力

(1) 中立軸位置 c の計算

等価応力ブロックによる曲げ耐力の算定においても，3.4-1の①から②を同様に仮定する。また図-3.8(c)は単鉄筋矩形断面における3.4-1曲げ耐力に関する応力分布を示す。一方図-3.8(d)は，等価応力ブロックであり，圧縮力 C および鉄筋に作用する引張力 T は，

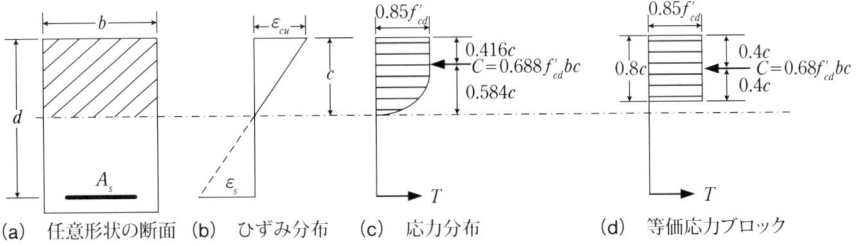

(a) 任意形状の断面　(b) ひずみ分布　(c) 応力分布　(d) 等価応力ブロック

図-3.8　単鉄筋矩形断面

$$C = 0.85 f'_{cd} \times b \times 0.8c = 0.68 f'_{cd} bc \tag{3.27}$$

$$T = A_s \sigma_s \tag{3.28}$$

ここで,

$$\sigma_s = f_{yd} \text{ または, } E_s \frac{d-c}{c} \varepsilon_{cu} \tag{3.29}$$

中立軸の位置 c は $T=C$ より算定される。

(2) 曲げ耐力

圧縮力 C の作用位置は上縁から $0.4c$ となる。曲げ耐力 M_u は,

$$M_u = A_s f_{yd}(d - 0.4c) \tag{3.30}$$

4 鉄筋コンクリート柱

中心軸圧縮力を受ける部材が柱である。鉄筋コンクリート柱として，図-4.1のように帯鉄筋柱および，らせん鉄筋柱がある。

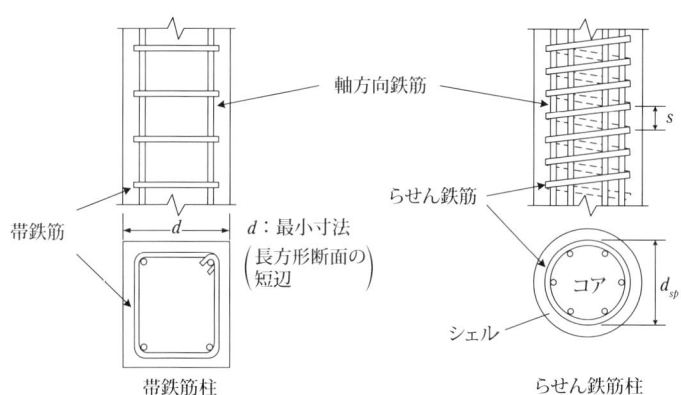

図-4.1　鉄筋コンクリート

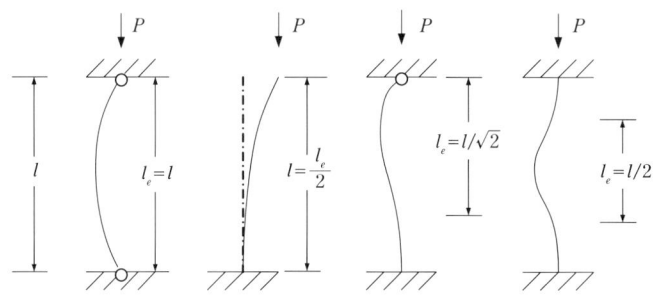

図-4.2　有効長さ

4.1 有効長さと細長比

柱の有効長さ l_e は両端の固定条件により，**図-4.2** のように，座屈荷重から決まる。

4.2 短柱と長柱

柱断面の断面2次半径 r を $r=\sqrt{I/A}$ (I は断面2次モーメント，A は断面積) 細長比 λ は $\lambda=\dfrac{l_e}{r}$ で表される。鉄筋コンクリート柱の設計では，細長比 $\lambda \leqq 35$ を短柱，細長比 $\lambda > 35$ の柱は，横方向変位の影響を考慮して，長柱として設計する。

4.3 帯鉄筋柱の耐力

帯鉄筋柱の設計軸方向圧縮耐力は，コンクリートと軸方向鉄筋のそれぞれの負担できる荷重の和として式(4.1)により算定される。

$$N'_{oud} = (0.85 f'_{cd} A_c + f'_{yd} A_{st})/\gamma_b \tag{4.1}$$

ここに，A_c：コンクリートの断面積
A_{st}：軸方向鉄筋の全断面積
f'_{cd}：コンクリートの設計圧縮強度
f'_{yd}：軸方向鉄筋の設計圧縮降伏強度
γ_b：部材係数で，一般に 1.3 としてよい

4.4 らせん鉄筋柱の耐力

らせん鉄筋柱の設計軸方向圧縮耐力は，上記の式(4.1)とらせん鉄筋の負担する荷重を加えた式(4.2)のいずれか大きい方により算定される。

$$N'_{oud} = (0.85 f'_{cd} A_e + f'_{yd} A_{st} + 2.5 f_{pyd} A_{spe})/\gamma_b \tag{4.2}$$

ここに，A_e：らせん鉄筋で囲まれたコンクリートの断面積
A_{spe}：らせん鉄筋の換算断面積($=\pi d_{sp} A_{sp}/s$)
A_{st}：軸方向鉄筋の断面積
d_{sp}：らせん鉄筋で囲まれた断面の直径
A_{sp}：らせん鉄筋の断面積
s：らせん鉄筋のピッチ
f'_{yd}：軸方向鉄筋の設計圧縮降伏強度
f_{pyd}：らせん鉄筋の設計引張降伏強度
γ_b：部材係数

5 偏心軸圧縮力がRC部材断面のコア外に作用する場合のコンクリートおよび鉄筋の応力

偏心軸圧縮力が部材断面のコア外に作用すると断面に引張応力が生じ，さらに偏心が大きくなると，断面にひび割れが生じる。ひび割れが発生した場合，状態 II を仮定して応力計算を行う。

図-5.1 のように図心 O から中立軸までの距離を y_n とする。図心 O から任意の位置 y におけるひずみ ε_{cy} は，

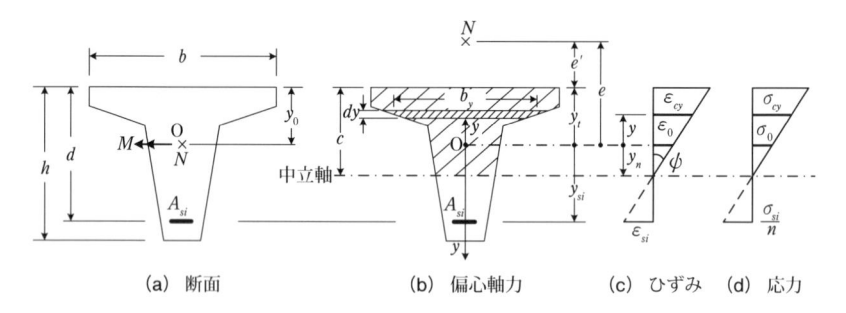

図-5.1 曲げと軸力を受ける鉄筋コンクリート部材

(a) 断面　(b) 偏心軸力　(c) ひずみ　(d) 応力

$$\varepsilon_{cy} = \left(1 - \frac{y}{y_n}\right)\varepsilon_0 \tag{5.1}$$

任意点のコンクリートの応力および鉄筋の応力は，

$$\sigma_{cy} = \begin{cases} E_c\left(1 - \dfrac{y}{y_n}\right)\varepsilon_0 & (y < y_n) \\ 0 & (y \geq y_n) \end{cases} \tag{5.2}$$

5 偏心軸圧縮力が RC 部材断面のコア外に作用する場合のコンクリートおよび鉄筋の応力

$$\sigma_{si} = E_s \varepsilon_{si} = E_s \left(1 - \frac{y_{si}}{y_n}\right) \varepsilon_0 \tag{5.3}$$

$$N = \int_{y_t}^{y_n} E_c \left(1 - \frac{y}{y_n}\right) \varepsilon_0 b_y dy + E_s \sum A_{si} \left(1 - \frac{y_{si}}{y_n}\right) \varepsilon_0 \tag{5.4}$$

$$M = \int_{y_t}^{y_n} E_c \left(1 - \frac{y}{y_n}\right) \varepsilon_0 b_y y dy + E_s \sum A_{si} y_{si} \left(1 - \frac{y_{si}}{y_n}\right) \varepsilon_0 \tag{5.5}$$

図-5.1(a)のように，M および N が図心位置に作用するとき，図-5.1(b) に示す軸力 N が基準点 O から距離 e だけ偏心した位置に作用する場合に相当する。偏心距離 e は，式(5.6)で表される。

$$e = M / N \tag{5.6}$$

$$\frac{\int_{y_t}^{y_n} y(y_n - y) b_y dy + n \sum A_{si} y_{si} (y_n - y_{si})}{\int_{y_t}^{y_n} (y_n - y) b_y dy + n \sum A_{si} (y_n - y_{si})} - e = 0 \tag{5.7}$$

式(5.7)の方程式の解が中立軸深さ c を与える。

なお，式(5.7)において図-5.1(b)より，$c = y_n - y_t$, $y_{si} = d + y_t$ および $e' = y_t - e$ を用いる。

中立軸深さ c が決まると，式(5.4)より基準点 O における軸ひずみ ε_0 が得られる。また，曲率 $\phi = -\varepsilon_0 / y_n$ より求まるのでコンクリートの応力 σ_{cy} および鉄筋の応力 σ_{si} は，式(5.8)で与えられる。

$$\left. \begin{array}{l} \sigma_{cy} = E_c(\varepsilon_0 + \phi y) \\ \sigma_{si} = E_s(\varepsilon_0 + \phi y_{si}) \end{array} \right\} \tag{5.8}$$

I 要点

6 せん断力を受ける鉄筋コンクリート部材

6.1 概説

　鉄筋コンクリート構造物の破壊形態において，最も慎重に扱わなければいけないのは，せん断破壊である。なぜなら，せん断破壊は，曲げ破壊より脆性的で，構造物そのものの形状保持が困難であり，人や物の安全性に対し直接危害を及ぼす可能性があるためである。せん断破壊の特徴は，一般に斜めひび割れと呼ばれるひび割れの発生を伴うものであり，このような破壊形態を防ぐために，通常せん断破壊より曲げ破壊を先行させるように設計する必要がある。

　本章では，はじめに，せん断補強鉄筋を持たない鉄筋コンクリートはりのせん断抵抗力を算出し，次いで，斜めひび割れの発生を前提に，せん断補強鉄筋（スターラップ，折曲鉄筋）によるせん断抵抗力をトラス理論により求め，これらの足し合わせによりせん断抵抗力の合計を算出する。最後にモーメントシフトを考慮し，曲げモーメントに対する安全性も評価する。

6.2　せん断補強鉄筋を有しない鉄筋コンクリートはりのせん断力

　せん断補強鉄筋を有しない鉄筋コンクリートはりのせん断力は，コンクリート強度 f'_c，鉄筋比 p_w，有効高さ d，軸力 N，せん断スパン比 a/d に依存すると考えられる。これらの要因がせん断力に及ぼす影響を理論的に定式化できればそれに越したことはないが，残念ながら現段階ではその域に達してい

ないため，多くの実験結果から得られた以下の経験式に基づき評価されている。

$$V_c = 0.20 f_c'^{1/3} (100 p_w)^{1/3} d^{-1/4} \left(0.75 + \frac{1.4}{a/d} \right) b_w d$$

ここで，f_c'：コンクリートの圧縮強度（MPa）

  $p_w = A_s/(b_w d)$：引張鉄筋比

  d：有効高さ，$d^{-1/4}$で表される際の d の単位は（m）

  a/d：せん断スパン比

  b_w：ウェブの幅（長方形断面の場合，断面の幅）

6.3 せん断補強鉄筋を有する鉄筋コンクリートはりのせん断力

ここではトラス理論に基づき，図-6.1 に示す手順に従い，せん断補強鉄筋により受け持たれるせん断力 V_s を算出する。

図-6.1 より，斜めひび割れが $\theta=45°$で発生した場合，せん断補強鉄筋としてスターラップを用いると，$\alpha=90°$となり，上式にこれらの値を代入すると，スターラップにより受け持たれるせん断耐力 V_s は，$V_s = A_w f_{wy} jd/s$ で与えられ

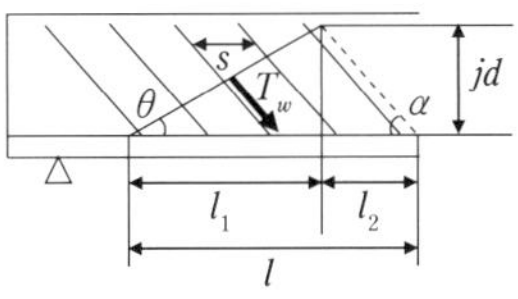

$\tan\theta = \dfrac{jd}{l_1}$ $\tan\alpha = \dfrac{jd}{l_2}$

$l_1 = jd \cot\theta$

$l_2 = jd \cot\alpha$ $l = jd(\cot\theta + \cot\alpha)$

ひび割れを横切るせん断補強鉄筋の本数 $n = \dfrac{l}{s} = \dfrac{jd(\cot\theta + \cot\alpha)}{s}$

せん断補強鉄筋の全引張力 $T_w = nA_w\sigma_w = A_w\sigma_w jd(\cot\theta + \cot\alpha)/s$

せん断補強鉄筋により受け持たれるせん断力 $V = T_w\sin\alpha = A_w\sigma_w jd\sin\alpha(\cot\theta + \cot\alpha)/s$

せん断補強鉄筋により受け持たれるせん断耐力 $V_s = A_w f_{wy} jd\sin\alpha(\cot\theta + \cot\alpha)/s$

ここで，f_{wy} はせん断補強鉄筋の降伏応力（N/mm^2）

図-6.1 せん断補強鉄筋により受け持たれるせん断耐力 V_s の算出方法

る。一方，折曲鉄筋を用いた場合，$\alpha=45°$とすると，上式より折曲鉄筋による受け持たれるせん断耐力 V_s は，$V_s=\sqrt{2}A_w f_{wy} jd/s$ で与えられる。

トラス理論では当初，せん断補強鉄筋を有する鉄筋コンクリートはりのせん断耐力 V は $V=V_s$ と考えられていたが，その後の研究によりこれでは過小評価であることが解明され，現在は前述の V_c を加算し，$V_y=V_s+V_c$ により，鉄筋コンクリートはりのせん断耐力を評価することとしている。

ここで，　V_y：せん断耐力
　　　　　V_s：トラス作用によって抵抗するせん断力（トラス理論により算出）
　　　　　V_c：トラス作用以外によって抵抗するせん断力（実験データに基づく経験式により算出）

である。

6.4 モーメントシフト

モーメントシフトとは，斜めひび割れの発生に伴い，軸方向鉄筋の引張力が曲げ理論によって算出される値よりも増加することを考慮したものである。**図-6.2** にモーメントシフトの考え方を示す。図より，単純支持された RC はりの支点における曲げモーメントは 0 となることから，はり理論によればこの位置の軸方向鉄筋に作用する引張力は 0 となる。一方，トラス理論においては，下弦材とみなしたこの位置の軸方向鉄筋には明らかに引張力が作用している。したがって，設計上この影響を考慮するため，曲げモーメントの分布を有効高さ d だけ平行移動（シフト）させるルール（モーメントシフト）が適用されている。

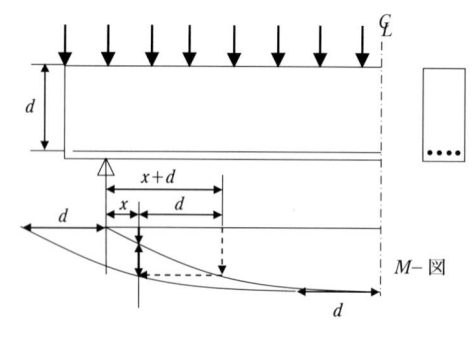

図-6.2　モーメントシフト

7 ひび割れ

　コンクリートは引張に対する抵抗力が小さいため，さまざまな要因で発生する引張応力によってひび割れが発生する。鉄筋コンクリートは，コンクリートの引張強度の低さを，引張に強い鉄筋で補強したものである。設計では，ひび割れが発生しても，部材あるいは構造物の要求性能(安全性，使用性，第三者影響度，美観・景観，耐久性)を満足するように設計されている。

　設計に関するひび割れには，外力(軸力，曲げモーメント，せん断力，ねじりモーメント)による構造に起因するひび割れと材料の温度膨張・収縮，乾燥収縮および自己収縮に起因するひび割れがある。

　さらに，コンクリートや鉄筋は，時間の経過とともにそれらの性質が低下し，構造物の性能を低下させることになる。このような現象が劣化である。主な劣化の原因は，中性化，塩害，アルカリシリカ反応，凍害，化学的腐食，疲労，火災，風化・老化である。これらの原因により構造物が劣化した場合，構造物に発生する変状の主たるものが，ひび割れである。

　このように，ひび割れは構造物の設計・施工段階から供用段階のすべての段階で発生する現象である。

　コンクリート構造物の施工段階から供用段階で発生するひび割れのイメージを**図-7.1**に示す。同図には，コンクリート構造物を構成する部材，柱，はり，壁，スラブ，底版などで発生する，代表的なひび割れが示されている。それらのひび割れを，コンクリート硬化前と硬化後を基準にして分類した発生原因を**図-7.2**に，また時系列でひび割れを整理したものが**表-7.1**である。**図-7.1**中のアルファベットは，**図-7.2**と**表-7.1**中のアルファベットと対応している。

I 要点

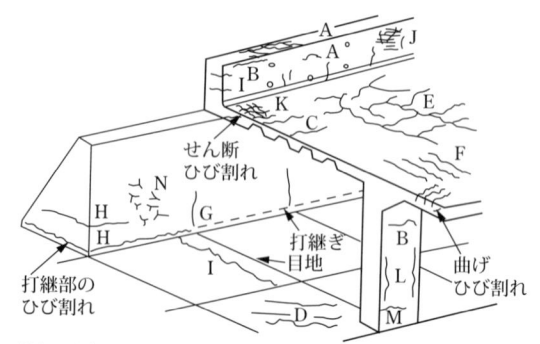

注）図中のアルファベットが表-7.2 に対応

図-7.1　コンクリート構造物で発生するひび割れ

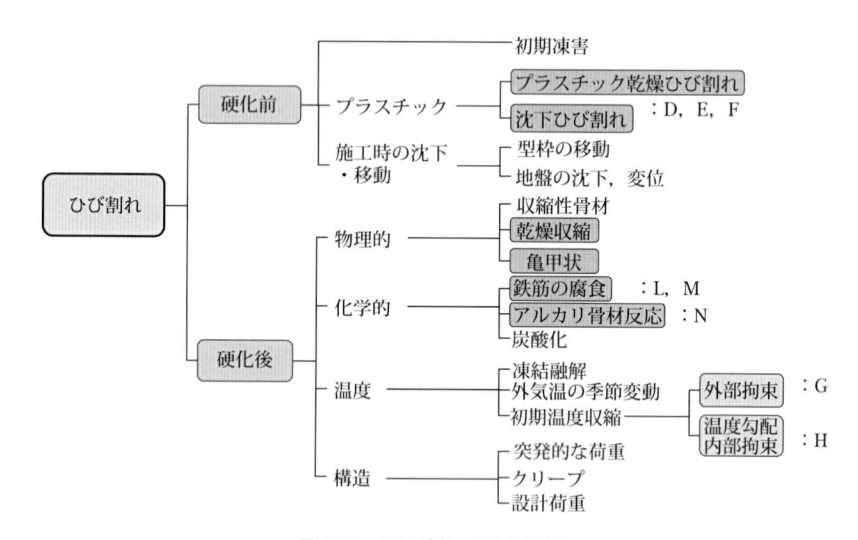

図-7.2　ひび割れの発生原因

　一般に，コンクリート構造物で発生するひび割れ原因は，次に示す5つの要因に分類されている[1]。

　A：材料に関連する要因
　B：施工に関連する要因
　C：使用環境に関連する要因
　D：構造・外力に関連する要因（設計に関連する要因）

7 ひび割れ

表-7.1 コンクリート構造物で発生するひび割れ原因

ひび割れのタイプ	記号	小分類	発生しやすい場所	主な原因	2次的原因	主な対策	発生時期
沈下ひび割れ	A	鉄筋の上方	厚い断面	過剰なブリーディング	初期の急激な乾燥	①ブリーディングの低減 ②再振動	10分～3時間
	B	アーチング	柱の上				
	C	断面の変化部	谷間やワッフルスラブ				
プラスチックシュリンケージ	D	斜め	舗装やスラブ	初期の急激な乾燥	遅いブリーディング	初期養生の改善	30分～6時間
	E	ランダム	鉄筋コンクリートスラブ				
	F	鉄筋上方	鉄筋コンクリートスラブ	初期の急激な乾燥さらに表面近傍に鉄筋あり			
初期から長期の温度収縮	G	外部拘束	厚い壁, スラブ	過大な発熱	急激な冷却	①発熱の低減 ②断熱	内部拘束: 1～7日 外部拘束: 1週間～数ヶ月
	H	内部拘束	厚いスラブ	過大な温度こう配			
長期の乾燥収縮	I		薄いスラブ	不適切な配置の目地	過大な乾燥 不適切な養生	①単位推量の低減 ②養生の改善	数週間～数か月
亀甲状	J	型枠面	きれいなコンクリート面	不透水性型枠	富配合, 養生不足	養生, 仕上げの改善	1～7日たまにその後もある
	K	浮いたコンクリート	スラブ	過剰仕上げ			
鉄筋の腐食	L	自然	柱, 桁	かぶり不足	低品質のコンクリート	原因を取り除く	2年以上
	M	塩化物	プレスキャスト	過剰な塩化物			
アルカリ骨材反応	N		湿潤な場所	反応性骨材さらにハイアルカリセメント		原因を取り除く	5年以上

E：その他

このように，材料，施工，使用環境および設計に着目して，ひび割れ原因を分類している。

I 要 点

◎参考文献
1) 日本コンクリート工学協会：コンクリートのひび割れ調査, 補修・補強指針−2009−, 2009.3

8 コンクリート構造と温度応力

8.1 温度応力に関する基本的な考え方

　セメントの水和熱に起因してコンクリートに生じる温度応力を理解する上で，まず温度収縮とそれに伴って生じる応力について考える。いま，図-8.1のようなA部材とB部材からなる物体を例にとり，このうちA部材だけが温度収縮した場合にそれぞれの部材にはどのような応力が働くかを考える。

　この図の変形形状からそれぞれの部材に生じる応力を想像すると，A部材が収縮していることから，A部材には圧縮が，一方B部材は伸ばされた格好になるため引張が作用すると考えがちである。しかし，各部材の中心断面で考えた場合，実際はA部材が引張，B部材が圧縮となる。A部材は収縮しようとするが，これがB部材に拘束されて収縮が妨げられることになる。もし，B部材が存在せずにA部材が自由に収縮すればA部材には応力は発生しない。すなわち，A部材は本来収縮した位置からB部材によって引き伸ばされていることになり，引張応力が生じることとなるのである。逆にB部材は，A部材によって縮められているので圧縮となる。以下では，部材の温度変形とそれに伴って生じる応力の関係について力学的に考える。

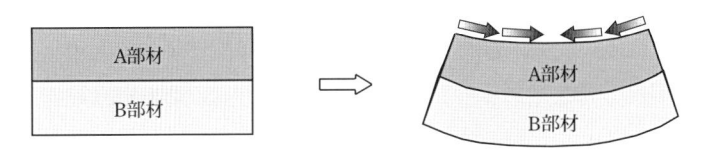

図-8.1　温度収縮量の異なる2つの部材

8.2 CP法の概要

　一様な部材の温度応力は，p.171式(2)あるいはp.174式(2)を用いて簡単に計算できる。しかし，実際のコンクリートの温度応力問題は，形状も複雑であり温度や弾性係数も材齢とともに変化する。また，打継ぎがある場合にはさらに問題は複雑である。そこで，このように複雑な実際の問題に対しては，CP法を用いて温度応力を計算する。

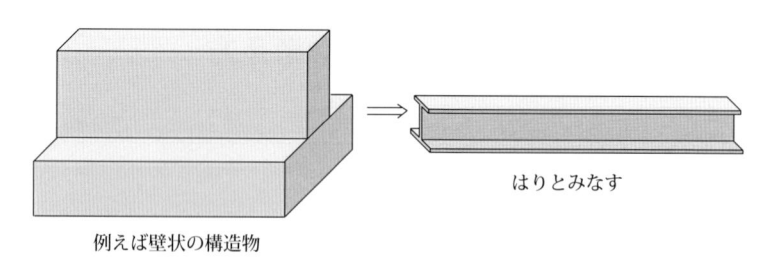

図-8.2 CP法の概念

　CP法とは，コンペンセイション・プレーン法（Compensation Plane Method）のことであり，図-8.2 に示すように打設したコンクリート構造物をひとつの「はり部材」とみなし（コンクリートを順次打継いだ場合でも，ひとつの「はり部材」とする），はりの断面内のひずみ分布を補償する面（この面をCompensation Planeと呼ぶ）を仮定して応力分布を求める方法である。すなわちCP法は「はり理論」に基づくものであり，平面保持則（ひずみ分布の直線性）を前提としている。

　CP法の最大の特徴は，断面の温度分布をもとに，断面と直交する方向の応力が計算できることにある。例えば，図-8.3 に示すような壁状構造物に生じる温度応力を計算したい場合，温度分布は壁の厚さ方向で大きく変化するのに対して，応力は壁の長手方向で卓越し，ひび割れもこの応力に起因して生じる。それゆえ，壁状の構造物の温度応力をFEMで計算する場合には，壁厚方向の温度分布を求めるとともに，壁の長手方向の応力を計算する必要があるため，3次元のモデルが必要となる。

　これに対してCP法では，図-8.3(b)の2次元メッシュで計算した温度分

布をもとに壁の長手方向の応力を計算することができるため，(b)図に示すような2次元のモデルだけで解析することが可能であり，FEMの3次元解析に比べて容易に温度応力を求めることができる。

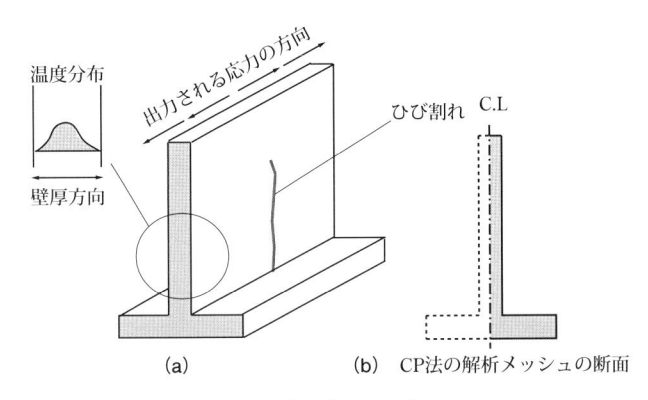

図-8.3 壁状構造物の温度分布と応力

8.3 CP法の基本式の導出

CP法の基本的な考え方を説明する。例えば，簡単な例として図-8.4に示すような，長さL，高さH，幅Bのスラブ状の構造物を打設した場合を考える。このコンクリートのある時刻t_1における温度分布を$T(t_1)$とし，さらに時刻t_2における温度を$T(t_2)$とする。いま，時刻t_1からt_2の間の温度増分が同図の(b)のような分布であるとすると，温度増分$\Delta T(x,y)$は，

$$\Delta T(x,y) = T(t_2) - T(t_1)$$

で表される。図-8.4(b)では温度分布が高さ方向にのみ変化する形で描いているが，実際には幅方向にも勾配を持つ2次元勾配であるため，式の表記では幅方向xと高さ方向yの関数であるとして，温度増分の分布を$\Delta T(x,y)$のように記述する。

図-8.5①に示した温度増分の分布$\Delta T(x,y)$は，コンクリートの線膨張係数を乗じることによりひずみ分布に変換できる。

まず，同図②の温度分布より変換したひずみ分布（増分量）は，この分布形

I 要点

図-8.4 コンクリート温度分布

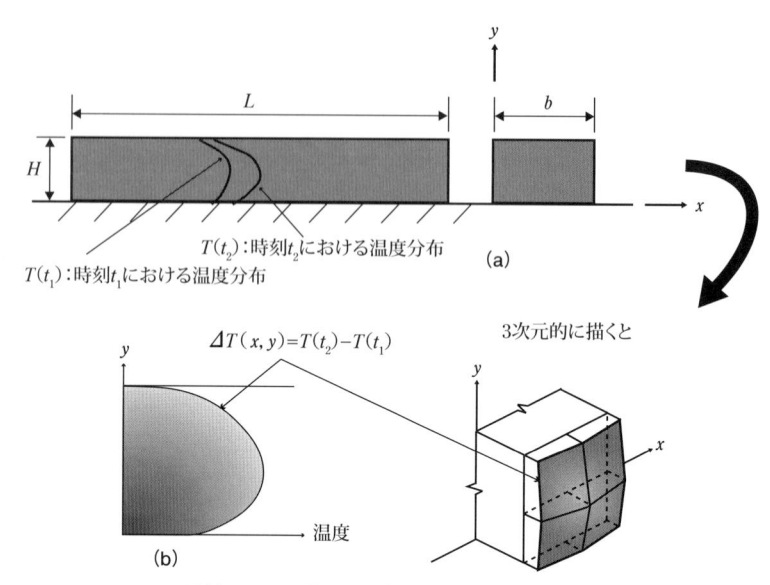

(a) $T(t_1)$：時刻t_1における温度分布、$T(t_2)$：時刻t_2における温度分布

(b) $\Delta T(x,y) = T(t_2) - T(t_1)$

3次元的に描くと

時刻t_1からt_2の増分温度ΔTはx, yの関数として与えられる

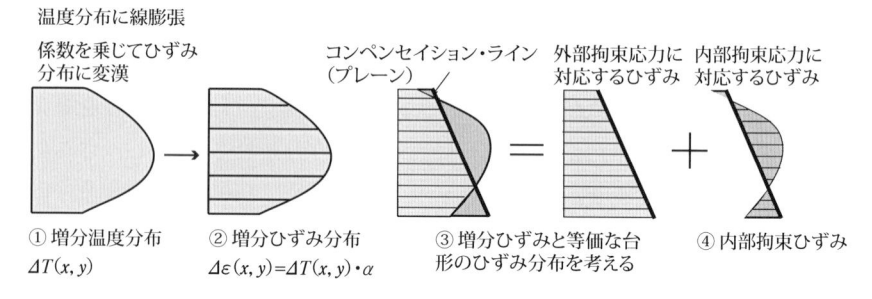

図-8.5 ひずみ分布の分解

① 増分温度分布 $\Delta T(x,y)$
温度分布に線膨張係数を乗じてひずみ分布に変換

② 増分ひずみ分布 $\Delta\varepsilon(x,y) = \Delta T(x,y)\cdot\alpha$

③ 増分ひずみと等価な台形のひずみ分布を考える
コンペンセイション・ライン（プレーン）

④ 内部拘束ひずみ
外部拘束応力に対応するひずみ ＝ ＋ 内部拘束応力に対応するひずみ

状にこれと同じ面積となる台形のひずみ分布をあてはめる。このとき、③の図に示す台形の太線で示した斜辺は、コンクリートの重心を通り、さらにこの斜辺より内側になる部分と外側となる部分の面積が等しくなるようにその傾きを決定する。このように定めた斜辺をコンペンセイション・ライン（1次元のひずみ分布を対象とした場合には、線となるためコンペンセイション・

ラインといい，2次元の場合には面となるためコンペンセイション・プレーン）という。この台形のひずみ分布は外部拘束ひずみに相当するものであり，一方④に示すこの斜辺からはみ出た部分が内部拘束ひずみである。

③の台形のひずみ分布は図-8.6に示すように，さらに軸方向のひずみ成分と曲げひずみ成分に分解できる。すなわち図-8.5②のひずみの平均値が軸方向ひずみ成分であり，この平均とコンペンセイション・ラインとの差の部分が曲げ成分のひずみとなる。

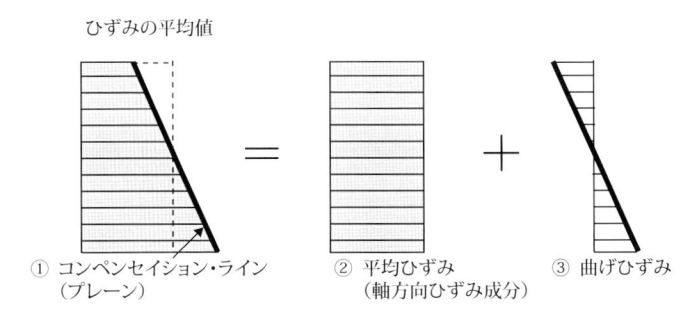

図-8.6　外部拘束ひずみの分解

以上のようにCP法では増分温度に対するひずみ分布を，1）軸方向に拘束される成分（図-8.6②），2）曲げにより拘束される成分（図-8.6③），さらに3）平面保持則による内部拘束成分の3つの成分に分解する（図-8.5④）。

図-8.6に示す平均ひずみと曲げひずみのそれぞれに弾性係数を乗じれば，応力が得られる。すなわち，この図に示した外部拘束ひずみの分解は，はりの断面内応力分布を求める以下の式と対応する。すなわち，式(8.1)の右辺第1項が軸ひずみ成分に相当し，第2項が曲げひずみ成分に対応している。

$$\sigma = \frac{N}{A} \pm \frac{M}{I} y \tag{8.1}$$

図-8.6の平均ひずみ $\Delta \bar{\varepsilon}$ は，次式から計算される。

$$\Delta \bar{\varepsilon} = \frac{1}{A} \int_0^H \alpha \Delta T(x,y) dA \tag{8.2}$$

ここで，A は打設したコンクリートの断面積で，ここでは $A = b(幅) \times H(高さ)$

I 要点

である。また，α はコンクリートの線膨張係数。平均ひずみ $\Delta\bar{\varepsilon}$ は式(8.2)のように積分の形で表しているが，実際の数値計算では，コンクリートの高さ方向をいくつかの要素に分割し，各要素の中心の温度を使って ΔT を求め，これに線膨張係数と要素の面積 dA を乗じたものをすべての要素について総和する。

次に，図-8.6 の曲げひずみの分布を生じさせる曲げモーメントを次式で計算する。

$$\Delta M = E(t)\int_0^H (\alpha\Delta T(x,y)-\Delta\bar{\varepsilon})(y-y_G)dA \tag{8.3}$$

ここで，$E(t)$ は材齢 t 日におけるコンクリートの弾性係数であり，重心 y_G は次式で求められる。

$$y_G = \frac{\int E(t)\cdot y dA}{\int E(t) dA} \tag{8.4}$$

一方，曲率と曲げモーメントの関係は，一般に，

$$M = EI\phi \tag{8.5}$$

であり，上式の ϕ を温度増分 $\Delta T(x,y)$ に対応する $\Delta\phi$ として式(8.3)の曲げモーメントと等置する。

$$\Delta M = E(t)\cdot I \cdot \Delta\phi = E(t)\int_0^H (y-y_G)^2 \cdot \Delta\phi dA$$
$$\left(I = \int_0^H (y-y_G)^2 dA \right) \tag{8.6}$$

式(8.3)と式(8.6)よりコンペンセイション・ラインの傾き $\Delta\phi$ が求められる。

$$\Delta\phi = \frac{\int_0^H (\alpha\Delta T(x,y)-\Delta\bar{\varepsilon})(y-y_G)dA}{I} \tag{8.7}$$

完全拘束された場合の軸力と曲げモーメントの増分は，

$$\Delta N_0 = A \cdot E(t) \cdot \Delta\bar{\varepsilon}$$
$$\Delta M_0 = I \cdot E(t) \cdot \Delta\phi \tag{8.8}$$

であり，基本問題 28 で解説する拘束度の割合を考慮すると，軸力と曲げモーメントの増分は，

$$\Delta N_R = R_N \cdot \Delta N_0 = R_N \cdot A \cdot E(t) \cdot \Delta \bar{\varepsilon}$$
$$\Delta M_R = R_M \cdot \Delta M_0 = R_M \cdot I \cdot E(t) \cdot \Delta \phi \tag{8.9}$$

となる。ここで，R_N は軸方向の変形に対する外部拘束係数であり，R_M は曲げ変形に対する外部拘束係数である。なお，基本問題 28 で述べる拘束度 R は棒部材の軸方向の単純変形を拘束する度合いを表すものであり，コンペンセイション・プレーン法では軸方向の外部拘束係数 R_N に相当する。図-8.7 に示すように，CP 法では軸方向の拘束に加えて曲げ変形に対する外部拘束係数 R_M を考えている。曲げ拘束に関しては，温度上昇時の正曲げの変形に対する拘束と温度降下時の負曲げの変形に対する拘束に分けて考えている。

式(8.9)から外部拘束による応力増分は，以下のように求められる。

$$\Delta \sigma_R = \frac{\Delta N_R}{A} + \frac{\Delta M_R}{I}(y - y_G)$$
$$= R_N \cdot E(t) \cdot \Delta \bar{\varepsilon} + R_M \cdot E(t) \cdot \Delta \phi \cdot (y - y_G) \tag{8.10}$$

一方，内部拘束応力増分は，コンペンセイション・ラインとひずみ分布との差であることから，次式より計算される。

$$\Delta \sigma_I = E(t) \cdot \{\alpha_c \Delta T(x, y) - \Delta \bar{\varepsilon} - \Delta \phi (y - y_G)\} \tag{8.11}$$

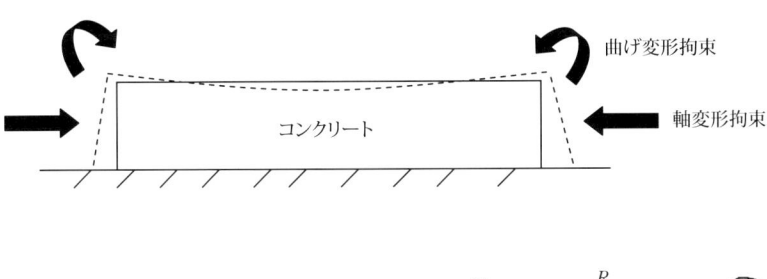

図-8.7 曲げ変形に対する拘束と軸方向変形に対する拘束

I 要点

求めるべき温度応力は，内部拘束応力と外部拘束応力を足し合わせたものであるから，最終的に時刻 t_1 から t_2 の温度変化に対する応力増分は以下の式から計算される。

$$\Delta\sigma(x,y) = \Delta\sigma_I(x,y) + \Delta\sigma_R(x,y) \tag{8.12}$$

各材齢における応力は，その材齢までの応力増分を逐次足し合わせていくことにより求められる。

9 維持管理

　構造物の劣化の進行は，構造物建設時の初期条件はもとよりのこと，供用中の環境条件と維持管理条件にも大きく影響される。したがって，構造物が適切に維持管理されれば，供用年数の延伸を図ることができ，また得られた構造物の経年変化データは，更新・新設構造物の設計や施工の貴重な情報となる。

　構造物の維持管理の目的は，供用期間中に本来その構造物が発揮すべき性能（図-9.1）が損なわれないようにすることであり，性能の保持や向上のために，必要に応じて補修・補強の時期やその範囲・程度を決定することである。

　一般的な維持管理の手順を図-9.2に示す[1]。維持管理行為は，点検・調査，評価，判定の「診断」と，その結果に基づく「対策」に分けられる。

　一般に，コンクリート構造物で発生する劣化には各種の要因が影響しており，一つの現象には外的および内的の多くの要因が影響している。構造物の診断とは，変状を調査し，それをもとに構造物の安全性，使用性，第三者影

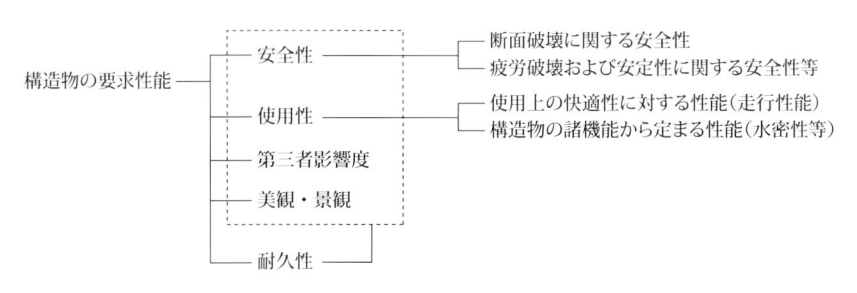

図-9.1　コンクリート構造物の要求性能[1]

I 要点

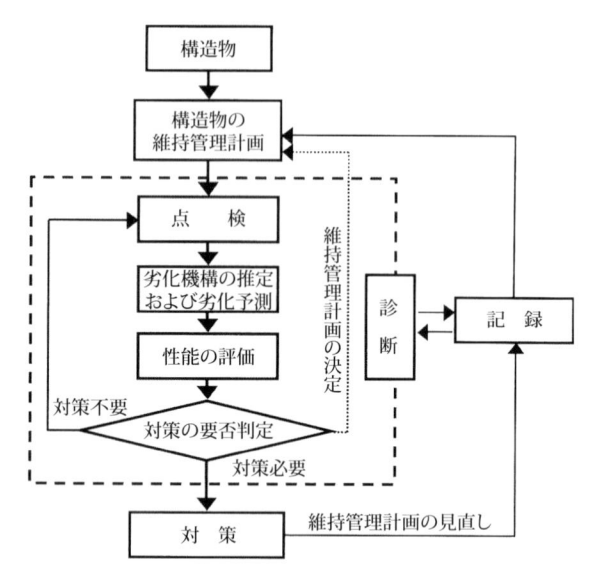

図-9.2　コンクリート構造物の維持管理の流れ [1]

響度，美観・景観性能および耐久性について評価し，各項目について構造物の性能への影響度合いを評価することである。さらに，評価の結果，構造物の性能が低下していると判断された場合には，対策の必要性を評価し，対策（補修・補強など）の方法等について検討を行うことになる。医療における診察，処方箋の作成が，診断行為に相当している。

補修・補強の実施にあたっては，構造部の劣化状況やその安全性への影響度により緊急度を判断して対応する。解体・撤去や使用制限が必要な構造物への対策は当然ながら緊急度が高く，応急的な処置を施しながら早急に対応する必要がある [2]。

◎参考文献
1) 土木学会：2007年制定 コンクリート標準示方書［維持管理編］
2) 日本コンクリート工学協会：コンクリート診断技術

Ⅱ 問題

基本問題 1

断 面 諸 量

図 F-1.1 から 1.4 に示す幅 b で高さ h の矩形断面がある。

基準点 O に関する断面積 A,断面 1 次モーメント B および断面 2 次モーメント I を求めよ。ただし,鉛直下方向を正とする。

解 答

1. 図 F-1.1 に関する断面諸量

   断面積 A は $A = bh$

   断面 1 次モーメント B は

$$B = \int_{-h/2}^{h/2} y \cdot b\,dy = \frac{b}{2}\left[y^2\right]_{-h/2}^{h/2} = \frac{b}{2}\left[\left(\frac{h}{2}\right)^2 - \left(\frac{-h}{2}\right)^2\right]$$
$$= 0$$

   断面 2 次モーメントは

$$I = \int_{-h/2}^{h/2} y^2 \cdot b\,dy = \frac{b}{3}\left[y^3\right]_{-h/2}^{h/2}$$
$$= \frac{bh^3}{12}$$

図 F-1.1

2. 図 F-1.2 に関する断面諸量

   断面積 A は $A = bh$

   断面 1 次モーメント B は

$$B = -bh\left(y_0 - \frac{h}{2}\right)$$

   または,

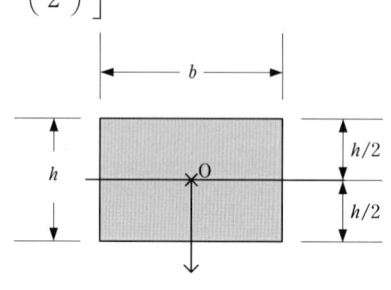

$$B = \int y dA = \int_{-y_0}^{-y_0+h} y \cdot b \cdot dy$$
$$= \frac{b}{2}\Big[y^2\Big]_{-y_0}^{-y_0+h}$$
$$= -bh\left(y_0 - \frac{h}{2}\right)$$

断面 2 次モーメント I は
$$I = \frac{bh^3}{12} + bh\left(y_0 - \frac{h}{2}\right)^2$$

または,
$$I = \int y^2 dA = \int_{-y_0}^{-y_0+h} y^2 b dy$$
$$= \frac{b}{3}\Big[y^3\Big]_{-y_0}^{-y_0+h}$$
$$= \frac{bh^3}{3} - bh^2 y_0 + bh y_0^2$$
$$= \frac{bh^3}{12} + bh\left(y_0 - \frac{h}{2}\right)^2$$

図 F-1.2

3. 図 F-1.3 に関する断面諸量

断面 A は
$$A = bh$$

断面 1 次モーメント B は
$$B = -\frac{bh^2}{2}$$

断面 2 次モーメント I は
$$I = \frac{bh^3}{12} + bh\left(\frac{h}{2}\right)^2 = \frac{bh^3}{3}$$

図 F-1.3

4. 図 F-1.4 に関する断面諸量

断面積 A は
$$A = bh$$

断面 1 次モーメント B は

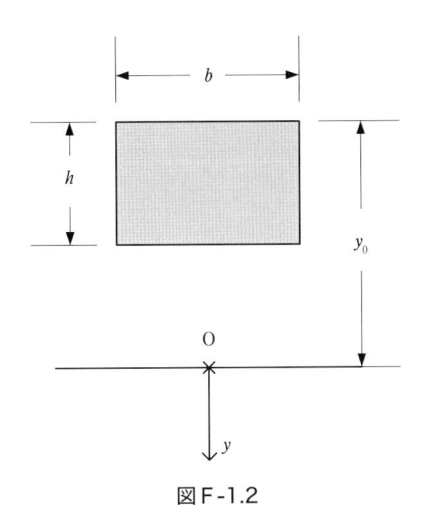

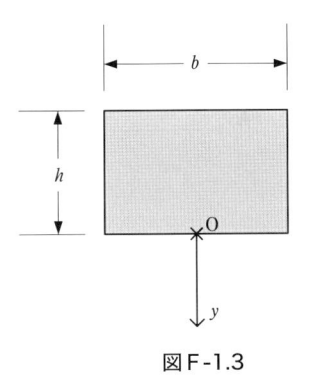

II 問題

$$B = \frac{bh^2}{2}$$

断面 2 次モーメントは

$$I = \frac{bh^3}{12} + bh\left(\frac{h}{2}\right)^2 = \frac{bh^3}{3}$$

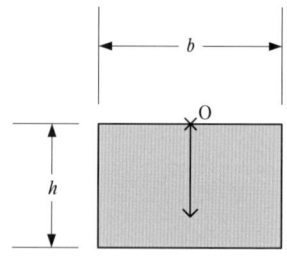

図 F-1.4

知っとくコーナー：1

　鉄筋コンクリート部材の応力と変形の解析は，断面諸量の数値計算に基づいて進められる。断面形状が単純な矩形断面であれば，断面諸量は電卓で計算できるが，T形，箱形さらに円形を含む断面に関する計算は厄介である。そこで，複雑な断面に関する断面諸量もガウスの積分定理と表計算プログラムの使用により簡単に数値解を得ることができるので，活用すると便利である。

■ガウスの積分定理

　図-1(a)は，任意形状の中空断面であり，図-1(b)は輪郭を折線によりモデル化したものである。この断面に関する断面積，基準点Oに関する断面1次モーメントおよび断面2次モーメントを求める。

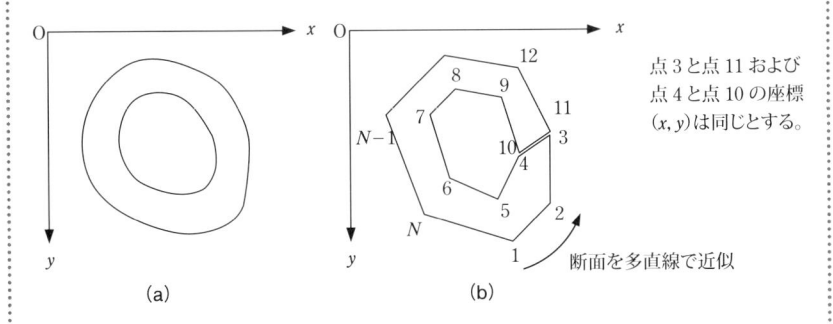

点3と点11および点4と点10の座標(x, y)は同じとする。

断面を多直線で近似

図-1　任意形状の断面

　一般に，断面諸量 H_{mn} は式(1)から求められる。

$$H_{mn} = \int x^m y^n dA \tag{1}$$

ここで，m と n は 0, 1, 2, …

　いま，図-1(b)の断面に関し，H_{mn} を式(2)の代数式の形で計算する。

$$H_{mn} = \sum_{i=1}^{N} \Delta_i \qquad (2)$$

ここで，N は節点数である。

図-2 に示す点 $i(x_i, y_i)$ と点 $i+1(x_{i+1}, y_{i+1})$ を結ぶ任意の折れ線 $\overline{i, i+1}$ を考える。この線上の任意点は，式(3)および式(4)で表される。

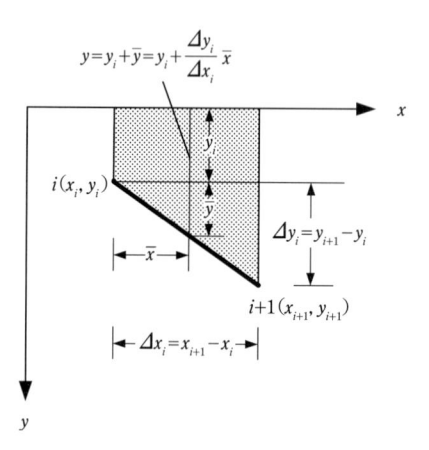

図-2 節点 i と節点 $i+1$ を結ぶ i 番目の直線

$$\overline{x} = x - x_i \qquad (3)$$

$$y = y_i + \overline{y} = y_i + \frac{\Delta y_i}{\Delta x_i} \overline{x} \qquad (4)$$

ここで，Δx_i および Δy_i は，

$$\Delta x_i = x_{i+1} - x_i, \quad \Delta y_i = y_{i+1} - y_i \qquad (5)$$

次に，式(3)および式(4)を式(1)に代入すると，式(6)および式(7)が得られる。

$$\Delta_i = \int_0^{\Delta x_i} \int_0^{y_i + \frac{\Delta y_i}{\Delta x_i} \overline{x}} \left(x_i + \overline{x} \right)^m y^n dy d\overline{x} \qquad (6)$$

$$\Delta_i = \frac{1}{n+1} \int_0^{\Delta x_i} \left(x_i + \overline{x} \right)^m \left(y_i + \frac{\Delta y_i}{\Delta x_i} \overline{x} \right)^{n+1} d\overline{x} \qquad (7)$$

式(7)に次の二項定理の式(8)を適用すると，式(9)の結果を得る。

$$
\left.\begin{aligned}
(a+b)^n &= {}_nC_0 a^n + {}_nC_1 a^{n-1}b + {}_nC_2 a^{n-2}b^2 + \ldots + {}_nC_r a^{n-r}b^r \\
&\cdots {}_nC_n b^n = \sum_{j=0}^{n} {}_nC_j a^{n-j}b^j \\
\text{ここで，} \quad {}_nC_r &= \frac{n(n-1)(n-2)\ldots(n-r+1)}{1\cdot 2\cdot 3\ldots r} \\
\varDelta_i &= \frac{1}{n+1}\int_0^{\varDelta x}\sum_{j=0}^{m}{}_mC_j x_i^{m-j}\bar{x}^j \times \sum_{k=0}^{n+1}{}_{n+1}C_k y_i^{n+1-k}\left(\frac{\varDelta y_i}{\varDelta x_i}\bar{x}\right)^k d\bar{x}
\end{aligned}\right\} \quad (8)
$$

定積分を行うと，

$$
\left.\begin{aligned}
\varDelta_i &= \frac{1}{n+1}\left\{\sum_{j=0}^{m}\left[{}_mC_j x_i^{m-j}(\varDelta x_i)^{j+1}\left(\sum_{k=0}^{n+1}{}_{n+1}C_k \frac{y_i^{n+1-k}(\varDelta y_i)^k}{k+j+1}\right)\right]\right\} \\
\text{ここで，} \quad {}_mC_j &= \frac{m!}{j!(m-j)!}, \quad {}_{n+1}C_k = \frac{(n+1)!}{k!(n+1-k)!}
\end{aligned}\right\} \quad (9)
$$

ⅰ）断面積 A

式(1)において，$m=0$，$n=0$とし，これらを式(9)へ代入すると，

$$
\varDelta_i = \varDelta x_i \left(\frac{y_i^{0+1-0}}{0+0+1} + \frac{y^{0+1-1}(\varDelta y_i)^1}{1+0+1}\right) = \varDelta x_i \left(y_i + \frac{\varDelta y_i}{2}\right)
$$

したがって断面積 A は，

$$
A = H_{00} = \sum_{i=1}^{N}\left[\varDelta x_i\left(y_i + \frac{\varDelta y_i}{2}\right)\right] \quad (10)
$$

ⅱ）断面 1 次モーメント B_x

式(1)において，$m=0$，$n=1$ の場合である

$$
\varDelta_i = \frac{1}{1+1}\left\{\varDelta x_i\left(\frac{(1+1)!}{0!\times(1+1)!}\times\frac{y_i^2}{0+0+1} + \frac{2!}{1!\times 1!}\times\frac{y_i \varDelta y_i}{1+0+1} + \frac{2!}{2!\times 0!}\times\frac{\varDelta y_i^2}{2+0+1}\right)\right\}
$$

$$
= \frac{\varDelta x_i}{2}\left(y_i^2 + y_i \varDelta y_i + \frac{\varDelta y_i^2}{3}\right)
$$

したがって，基準点 O とし，x 軸に関する断面 1 次モーメントは，

$$B_x = H_{01} = \sum_{i=1}^{N} \left[\frac{\Delta x_i}{2} \left(y_i^2 + y_i \Delta y_i + \frac{\Delta y_i^2}{3} \right) \right] \tag{11}$$

ⅲ) 断面 1 次モーメント B_y

 式(1)において，$m=1$, $n=0$ の場合

$$B_y = H_{10} = \sum_{i=1}^{N} \left[x_i \Delta x_i \left(y_i + \frac{\Delta y_i}{2} \right) + \Delta x_i^2 \left(\frac{y_i}{2} + \frac{\Delta y_i}{3} \right) \right] \tag{12}$$

ⅳ) 断面 2 次モーメント I_x

 式(1)において，$m=0$, $n=2$ の場合

$$I_x = H_{02} = \sum_{i=1}^{N} \left[\frac{\Delta x_i}{3} \left(y_i^3 + \frac{3 y_i^2 \Delta y_i}{2} + y_i \Delta y_i^2 + \frac{\Delta y_i^3}{4} \right) \right] \tag{13}$$

ⅴ) 断面 2 次モーメント I_y

 式(1)において，$m=2$, $n=0$ の場合

$$\begin{aligned} I_y = H_{20} = \sum_{i=1}^{N} &\left[x_i^2 \Delta x_i \left(y_i + \frac{\Delta y_i}{2} \right) + 2 x_i \Delta x_i^2 \left(\frac{y_i}{2} + \frac{\Delta y_i}{3} \right) \right. \\ &\left. + \Delta x_i^3 \left(\frac{y_i}{3} + \frac{\Delta y_i}{4} \right) \right] \end{aligned} \tag{14}$$

ⅵ) 断面相乗モーメント I_{xy}

 式(1)において，$m=1$, $n=1$ の場合

$$\begin{aligned} I_{xy} = H_{11} = \sum_{i=1}^{N} &\left[\frac{x_i \Delta x_i}{2} \left(y_i^2 + y_i \Delta y_i + \frac{\Delta y_i^2}{3} \right) \right. \\ &\left. + \frac{\Delta x_i^2}{2} \left(\frac{y_i^2}{2} + \frac{2 y_i \Delta y_i}{3} + \frac{\Delta y_i^2}{4} \right) \right] \end{aligned} \tag{15}$$

Cameo 知っとくコーナー：2

図-1 の矩形断面を対象として，表計算ソフトによる断面諸量を求める例を示す。

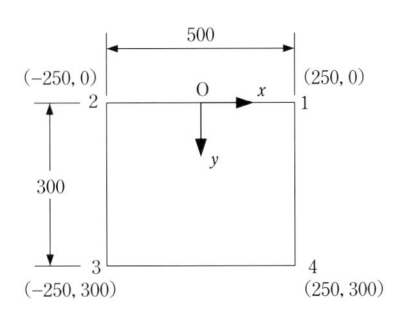

図-1　矩形断面

図-2 に入力および結果が示されている。

	A	B	C	D	E	F	G	H	I	J	K	L	M
1													
2													
3													
4	節点数	4											
5													
6													
7	節点番号	節点座標		x_i	$\Delta x_i = x_{i+1} - x_i$	y_i	$\Delta y_i = y_{i+1} - y_i$	ΔA	ΔB_x	ΔB_y	ΔI_x	ΔI_y	ΔI_{xy}
8	i	x	y										
9	1	250	0	250	-500	0	0	0	0.00E+00	0	0.00E+00	0	0.00E+00
10	2	-250	0	-250	0	0	300	0	0.00E+00	0	0.00E+00	0	0.00E+00
11	3	-250	300	-250	500	300	0	150000	2.25E+07	0	4.50E+09	3.125E+09	0.00E+00
12	4	250	300	250	0	300	-300	0	0.00E+00	0	0.00E+00	0	0.00E+00
13	5	250	0	250	-250	0	0	0	0.00E+00	0	0.00E+00	0	0.00E+00
14													
15	合計							ΣA	ΣB_x	ΣB_y	ΣI_x	ΣI_y	ΣI_{xy}
16								1.50E+05	2.25E+07	0.00E+00	4.50E+09	3.13E+09	0.00E+00
17								(mm^2)	(mm^3)	(mm^3)	(mm^4)	(mm^4)	(mm^4)

図-2

(1) 入　力

1. 節点数の入力

この例題の場合，節点数は $n=4$ であるので，【B4】のセルに，4 を入力する。

2. 節点は反時計回りに入力するものとする。
3. 節点座標(x, y)の入力

x軸は右向きを正として，y軸は下向きを正とする。

任意の基準点 O を決め，基準点 O に関する節点の座標を入力する。

各節点ごとに，x座標を【B9】のセル～【B13】のセルに入力する。

y座標を【C9】のセル～【C13】のセルに入力する。

次に x_i は節点の x 座標，y_i は節点の y 座標と等しいので，

【D9】のセルには ＝B9

【F9】のセルには ＝C9　と設定する。

【D10】～【D13】と【F10】～【F13】は【D9】，【F9】と同様に設定する。

ここで，座標は，節点 1 から節点 $n+1$ まで入力するが，節点 $n+1$ の座標には節点 1 の座標と同じ値を入力することになる。

(2) 出　力

1. Δx_i および Δy_i の計算

$\Delta x_i = x_{i+1} - x_i$，$\Delta y_i = y_{i+1} - y_i$ であるので，

【E9】のセルには ＝B10−B9

【G9】のセルには ＝C10−C9　と設定する。

【E10】～【E13】と【G10】～【G13】は【E9】，【H9】と同様に設定する。

2. ΔA および $\sum A$ の計算

$$\Delta A = \Delta x_i \left(y_i + \frac{\Delta y_i}{2} \right)$$ であるので，

【H9】のセルには ＝E9*(F9+G9/2)　と設定する。

【H10】～【H13】は【H9】と同様に設定する。

また，$\sum A$ は節点番号 1 から n に対応する ΔA の合計であるので，

【H16】のセルには ＝SUM(H9:H12)　と設定する。結果として，【H16】に A が計算される。

3. $\sum B_x$，$\sum B_y$，I_x，I_y，I_{xy} の計算

2.と同様に，【I9】～【M13】に，式(11)～式(15)の定義式を入力するこ

とにより，【I16】〜【M16】で各断面諸量が計算される。

基本問題 2

Ｉ形断面

図 F-2.1 に示すような I 形断面に曲げモーメント $M=800$ kN・m が作用するときの応力分布図を描け。ただし，$b_u=240$ mm，$t_u=12$ mm，$t_w=9$ mm，$h_w=1\,600$ mm，$b_l=360$ mm，$t_l=16$ mm とする。また，基準点 O を断面の上縁にとる。

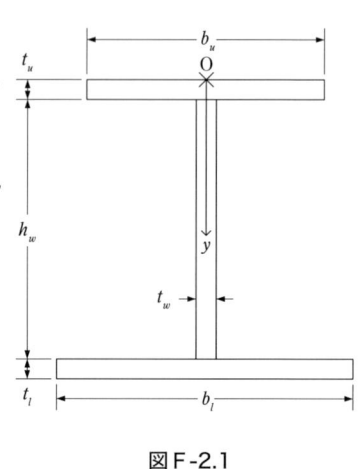

図 F-2.1

解 答

基準点 O に関する断面積 A，断面 1 次モーメント B および断面 2 次モーメント I を求める。

$$A = b_u t_u + t_w h_w + b_l t_l$$
$$= 240 \times 12 + 9 \times 1\,600 + 360 \times 16$$
$$= 23.0 \times 10^3 \text{ mm}^2$$

$$B = b_u t_u \times \frac{t_u}{2} + t_w h_w \times \left(t_u + \frac{h_w}{2}\right) + b_l t_l \times \left(t_u + h_w + \frac{t_l}{2}\right)$$
$$= 240 \times 12 \times 6 + 9 \times 1\,600 \times (12 + 800) + 360 \times 16 \times (12 + 1\,600 + 8)$$
$$= 21.0 \times 10^6 \text{ mm}^3$$

$$I = \frac{b_u t_u^3}{3} + \frac{t_w h_w^3}{12} + t_w h_w \times \left(t_u + \frac{h_w}{2}\right)^2 + \frac{b_l t_l^3}{12} + b_l t_l \times \left(t_u + h_w + \frac{t_l}{2}\right)^2$$

$$
\begin{aligned}
&= \frac{240 \times 12^3}{3} + \frac{9 \times 1\,600^3}{12} + 9 \times 1\,600 \times (12 + 800)^2 \\
&\quad + \frac{360 \times 16^3}{12} + 360 \times 16 \times (12 + 1\,600 + 8)^2 \\
&= 27.7 \times 10^9 \, \text{mm}^4
\end{aligned}
$$

軸ひずみ ε_0 および曲率 ϕ を求める。

$$
\begin{Bmatrix} \varepsilon_0 \\ \phi \end{Bmatrix} = \frac{1}{E(AI - B^2)} \begin{bmatrix} I & -B \\ -B & A \end{bmatrix} \begin{Bmatrix} N \\ M \end{Bmatrix}
$$

および, 軸力 $N=0$ より

$$
\begin{aligned}
\varepsilon_0 &= \frac{-BM}{E(AI-B^2)} \\
&= \frac{-21.0 \times 10^6 \times 800 \times 10^6}{E\{23.0 \times 10^3 \times 27.7 \times 10^9 - (21.0 \times 10^6)^2\}} \\
&= -\frac{85.7}{E}
\end{aligned}
$$

$$
\begin{aligned}
\phi &= \frac{AM}{E(AI-B^2)} \\
&= \frac{23.0 \times 10^3 \times 800 \times 10^6}{E\{23.0 \times 10^3 \times 27.7 \times 10^9 - (21.0 \times 10^6)^2\}} \\
&= \frac{0.0939}{E}
\end{aligned}
$$

任意の距離 y におけるひずみ ε は

$$
\begin{aligned}
\varepsilon_y &= \varepsilon_0 + \phi y \\
&= -\frac{85.7}{E} + \frac{0.0939}{E} y
\end{aligned}
$$

任意の距離 y における応力 σ は

$$
\begin{aligned}
\sigma_y &= E \varepsilon_y \\
&= E \left(-\frac{85.7}{E} + \frac{0.0939}{E} y \right)
\end{aligned}
$$

$$= -85.7 + 0.0939y$$

また，図心の位置 c（基準点 O から図心までの距離）は，$\varepsilon_0 + \phi c = 0$ であるから，

$$c = -\frac{\varepsilon_0}{\phi} = \frac{B}{A} = 913\text{mm}$$

断面上縁の応力 σ_{top} は

$$\sigma_{top} = -85.7 + 0.0939 \times 0 = -85.7\text{N}/\text{mm}^2$$

上フランジの下縁の応力 $\sigma_{(12)}$ は

$$\sigma_{(12)} = -85.7 + 0.0939 \times 12 = -84.6\text{N}/\text{mm}^2$$

下フランジの上縁の応力 $\sigma_{(1612)}$ は

$$\sigma_{(1612)} = -85.7 + 0.0939 \times 1\,612 = 65.7\text{N}/\text{mm}^2$$

下フランジの下縁の応力 $\sigma_{(1628)}$ は

$$\sigma_{(1628)} = -85.7 + 0.0939 \times 1\,628 = 67.2\text{N}/\text{mm}^2$$

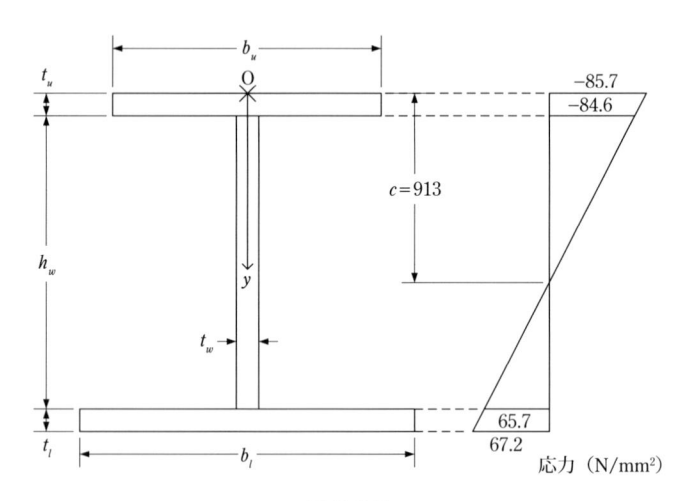

図 F-2.2

基本問題 3

箱 形 断 面

　図 F-3.1 に示すような断面に曲げモーメント $M=80$ kN・m が作用しているとき，以下の問いに答えよ．断面の寸法は $b=700$ mm, $b_0=50$ mm, $b_1=400$ mm, $h=800$ mm, $t_1=100$ mm, $t_2=100$ mm とする．また，コンクリートの弾性係数は $E_c=2.5\times10^4$ N/mm^2 である．

　ただし，全断面有効とし，また，基準点 O を断面上縁とする．

1. 断面積 A を求めよ．
2. 基準点 O に関する断面 1 次モーメント B を求めよ．
3. 基準点 O に関する断面 2 次モーメント I を求めよ．
4. 軸ひずみ ε_0 を求めよ．
5. 曲率 ϕ を求めよ．
6. 断面上縁から図心までの距離，すなわち中立軸深さ c を求めよ．
7. コンクリート断面上縁におけるひずみ ε_{top} および応力 σ_{top} を求めよ．
8. コンクリート断面下縁におけるひずみ ε_{bot} および応力 σ_{bot} を求めよ．

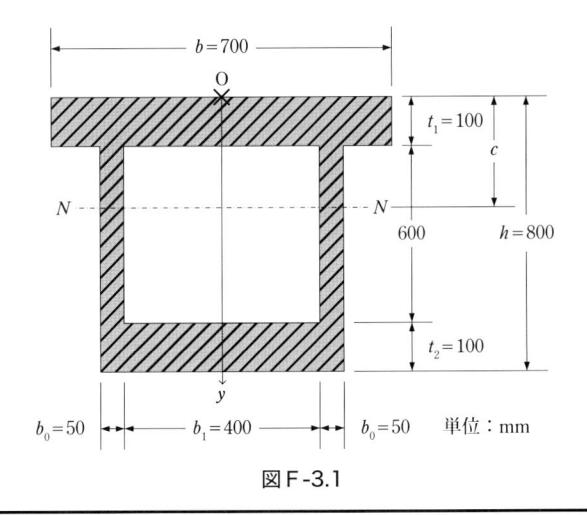

図 F-3.1

Ⅱ 問題

解 答

1. $A = (b-2b_0)t_1 + 2b_0 h + b_1 t_2$
   $= 180 \times 10^3 \text{ mm}^2$

2. $B = \dfrac{(b-2b_0)t_1^2}{2} + \dfrac{2b_0 h^2}{2} + b_1 t_2 \left(h - \dfrac{t_2}{2}\right)$
   $= 65 \times 10^6 \text{ mm}^3$

3. $I = \dfrac{(b-2b_0)t_1^3}{3} + \dfrac{2b_0 h^3}{3} + \dfrac{b_1 t_2^3}{12} + b_1 t_2 \left(h - \dfrac{t_2}{2}\right)^2$
   $= 39.8 \times 10^9 \text{ mm}^4$

4. $\begin{Bmatrix} \varepsilon_0 \\ \phi \end{Bmatrix} = \dfrac{1}{E(AI - B^2)} \begin{bmatrix} I & -B \\ -B & A \end{bmatrix} \begin{Bmatrix} N \\ M \end{Bmatrix}$ (1)

   上式に A, B, I および $N=0$, $M=80$ kN・m を代入すると

   $\varepsilon_0 = \dfrac{-BM}{E_c(AI - B^2)} = -70.8 \times 10^{-6}$

5. 式(1)より,

   $\phi = \dfrac{AM}{E_c(AI - B^2)} = 0.196 \times 10^{-6} \text{ mm}^{-1}$

6. 図心位置ではひずみ ε がゼロであるから, $\varepsilon = \varepsilon_0 + \phi y = 0$ より, 断面上縁から図心までの位置 c は,

   $c = -\dfrac{\varepsilon_0}{\phi} = \dfrac{B}{A} = 361 \text{ mm}$

7. $\varepsilon = \varepsilon_0 + \phi y = (-70.8 + 0.196 y) \times 10^{-6}$ (2)

   上式に $y=0$ を代入すると

   $\varepsilon_{top} = -70.8 \times 10^{-6}$, $\sigma_{top} = E_c \varepsilon_{top}$

   から

   $\sigma_{top} = -1.77 \text{ N/mm}^2$

8. 式(2)に $y=800$ mm を代入すると

$$\varepsilon_{bot} = 86.0 \times 10^{-6}, \quad \sigma_{bot} = E_c \varepsilon_{bot}$$

から

$$\sigma_{bot} = 2.15 \text{N/mm}^2$$

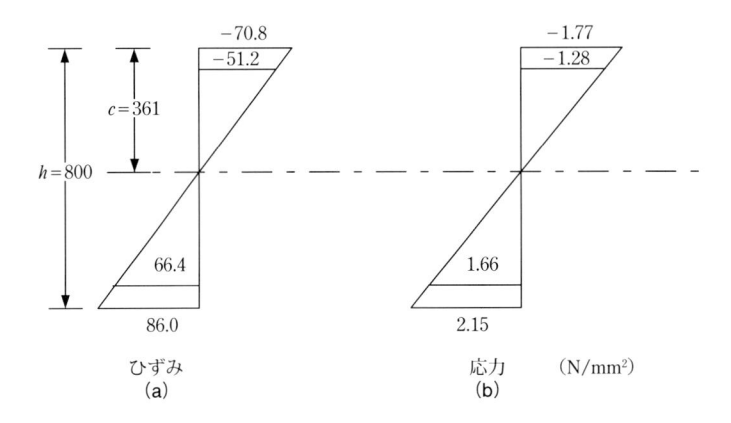

図 F-3.2

基本問題 4

片持ちばり

図 F-4.1 に示すような支間 l で断面幅 b，断面高さ h の無筋コンクリート片持ちばりに等分布荷重 ω が作用しているとき，以下の問いに答えよ。ただし，自重は考慮しないものとする。

基準点 O を図 F-4.1 の断面の図心とし，自由端 B から固定端 A に向かって x をとり，また，鉛直方向の距離 y は下向きを正とする。

1. 固定端 A における反力 R_A を求めよ。
2. 自由端 B から任意の距離 x における曲げモーメント M_x を求めよ。
3. 固定端 A($x=l$) における曲げモーメント M_A を求めよ。
4. 固定端 A($x=l$) の断面における基準点 O に関する断面 2 次モーメント I を求めよ。
5. 固定端 A($x=l$) の断面における断面上縁に生じる応力 σ_t および断面下縁に生じる応力 σ_b を求めよ。

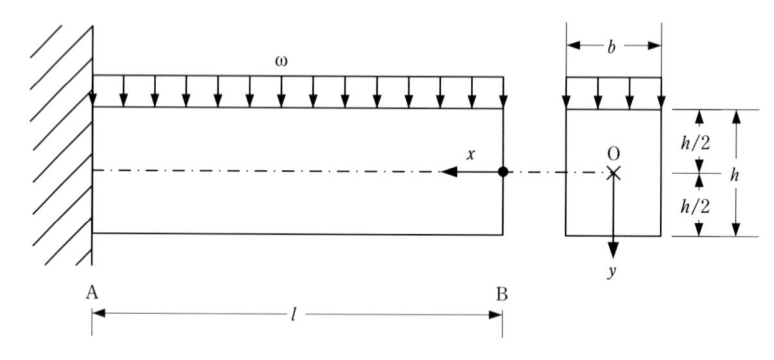

図 F-4.1　無筋コンクリート片持ちばり

解 答

1. 固定端 A における反力 R_A は

   $$R_A = \omega l$$

2. 自由端 B から任意の距離 x における曲げモーメント M_x は

   $$M_x = -\frac{\omega}{2}x^2$$

3. 固定端 A における曲げモーメント M_A は

   $$M_A = -\frac{\omega l^2}{2}$$

4. 固定端 A の断面における基準点 O に関する断面 2 次モーメント I は

   $$I = \frac{bh^3}{12}$$

5. 固定端 A の断面における断面上縁の応力 σ_t は，$y = \dfrac{h}{2}$ のとき $\sigma = \dfrac{M_A}{I}y$ より

   $$\sigma_t = \frac{-\dfrac{\omega l^2}{2}}{\dfrac{bh^3}{12}} \times \left(-\frac{h}{2}\right) = \frac{3\omega l^2}{bh^2}$$

   固定端 A における断面下縁の応力 σ_b は，$y = \dfrac{h}{2}$ のとき $\sigma = \dfrac{M_A}{I}y$ より

   $$\sigma_b = \frac{-\dfrac{\omega l^2}{2}}{\dfrac{bh^3}{12}} \times \frac{h}{2} = -\frac{3\omega l^2}{bh^2}$$

基本問題 5

主 応 力

図 F-5.1 のような断面に垂直応力 σ_x, σ_y およびせん断応力 τ が作用するとき，主応力（最大主応力 σ_I および最小主応力 σ_{II}）とその方向（x 軸と最大主応力 σ_I とのなす角）を求めよ。

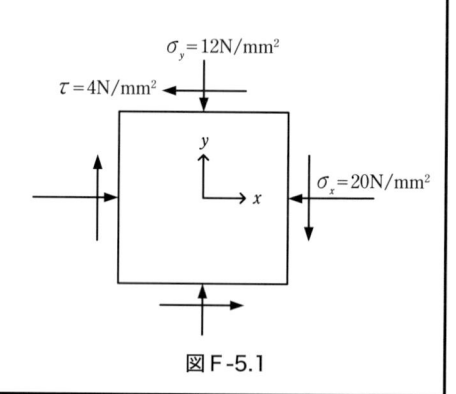

図 F-5.1

$$\begin{Bmatrix} \sigma_I \\ \sigma_{II} \end{Bmatrix} = \frac{\sigma_x + \sigma_y}{2} \pm \sqrt{\left(\frac{\sigma_x - \sigma_y}{2}\right)^2 + \tau^2}$$

$$= \frac{-20-12}{2} \pm \sqrt{\left(\frac{-20+12}{2}\right)^2 + 4^2}$$

$$\begin{Bmatrix} \sigma_I \\ \sigma_{II} \end{Bmatrix} = \begin{Bmatrix} -10.34 \text{N/mm}^2 \\ -21.66 \text{N/mm}^2 \end{Bmatrix}$$

最大主応力と x 軸とのなす角 θ は

$$\theta = \frac{1}{2}\tan^{-1}\frac{2\tau}{\sigma_x - \sigma_y}$$

$$= \frac{1}{2}\tan^{-1}\left(\frac{2\times 4}{-20+12}\right)$$

$$= -22.5°$$

また，最小主応力と x 軸とのなす角は，
$\theta + 90° = 67.5°$

ただし，θ は x 軸から時計回り（右回り）を正とする。

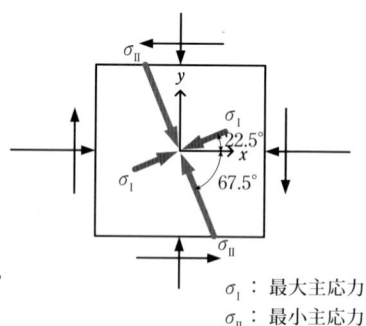

図 F-5.2

σ_I：最大主応力
σ_{II}：最小主応力

基本問題6

鉄　　　筋

コンクリート構造物に用いられる異形棒鋼SD345，呼び名がD19の鉄筋について，公称直径d，公称断面積Sおよび公称周長lを求めよ。また，SD345の数値は何を表しているか示せ。ただし，鋼材の密度γは7.85g/cm^{3}およびこの鉄筋の単位質量Wは2.25kg/mである。

解 答

はじめに異形鉄筋を，直径dの円形断面で長さ1mの棒とみなす。円形の断面積をSとすると，単位質量Wは，

$$W = \gamma S = \gamma \pi d^2 / 4$$

これから公称直径dは，

$$d = \sqrt{\frac{4W}{\pi\gamma}} = \sqrt{\frac{4 \times 2.25 \text{g/mm}}{3.142 \times 7.85 \times 10^{-3} \text{g/mm}^3}} = 19.1 \text{mm}$$

公称断面積Sは，

$$S = \frac{\pi d^2}{4} = \frac{3.142 \times 19.1^2}{4} = 286.5 \text{mm}^2 = 2.865 \text{cm}^2 \text{：有効数字4桁に丸める}$$

公称周長lは，

$$l = \pi d = 3.142 \times 19.1 = 60 \text{mm} = 6.0 \text{cm} \text{：小数点以下1桁に丸める}$$

SD345は，降伏点の下限値が345 N/mm^{2}の異形棒鋼SD(Steel Deformed bar)を表す。

基本問題7

設計・穴埋め

次の文章中の空欄(1)～(10)に当てはまる語句として，最も適切なものを下記に示す選択肢の中から選び，記号で答えよ。

コンクリート構造物の設計を行うとき，はじめに (1) 耐用期間を設定するが，耐用年数には3つの考え方がある。維持管理や補修に関する費用の増大と経済効果の減少等を算定基準とする (2) 耐用年数，建設された構造物が時代の変遷とともに，期待される機能をはたせなくなったという耐供用性の観点から算出される (3) 耐用年数および構造物の性能低下によって決まる (4) 耐用年数である。また，通常 (4) 耐用年数は安全性の見地から (2) 耐用年数や (3) 耐用年数よりも長くなければならない。

(4) 耐用年数に達したコンクリート構造物は，第3者への影響の除去あるいは美観・景観や耐久性の回復もしくは向上を目的とした (5) や，建設時に構造物が保有していたよりも高い性能まで安全性あるいは使用性のうちの力学的な性能を向上させるための (6) を行わなければならないため，コンクリート構造物の (7) 費の増大が懸念される。従来はコンクリート構造物を建設する際，(8) 費を抑えることに重きをおいてきたが，近年，(8) 費，(7) 費および (9) 費を合算した (10) を最小化する概念が一般的になっている。

―――― 選 択 肢 ――――
(ア)撤去 (イ)物理的 (ウ)維持管理 (エ)LCC (オ)設計 (カ)機能的 (キ)初期建設 (ク)補修 (ケ)経済的 (コ)補強

解 答

(1)(オ), (2)(ケ), (3)(カ), (4)(イ), (5)(ク), (6)(コ), (7)(ウ), (8)(キ), (9)(ア), (10)(エ)

応用問題 1

合成・剛性

2種類の材料（弾性体）からなる図A-1.1に示す断面を有するはりの強軸*まわりの曲げ剛性を求めよ。ただし，はりを構成する材料1および2のヤング係数はそれぞれ E，$5E$ とする。

（*強軸とは，断面の主軸のうち主断面2次モーメントが大きいほうの軸，棒部材の曲げ剛性が一番大きい軸である。）

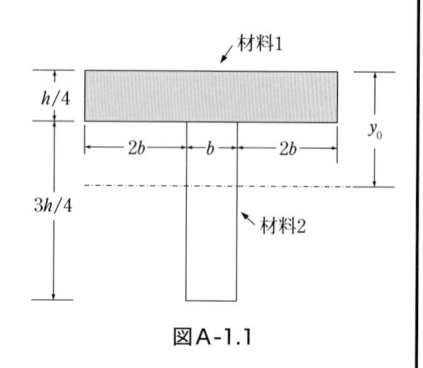

図A-1.1

解答

フランジ上縁を基準としたときの換算断面積 A_i および換算断面1次モーメント B_i は

$$EA_i = \left(5b \times \frac{h}{4}\right)E + \left(b \times \frac{3h}{4}\right)5E = 5bhE \text{ から } A_i = 5bh$$

$$EB_i = \left\{\frac{5b \times \left(\frac{h}{4}\right)^2}{2}\right\}E + \left(b \times \frac{3h}{4}\right)\left(\frac{h}{4} + \frac{3}{4}h \times \frac{1}{2}\right) \times 5E = \frac{5}{2}bh^2 E \text{ から } B_i = \frac{5}{2}bh^2$$

したがって，図心の位置 y_0 が求まる。

$$y_0 = \frac{B_i}{A_i} = \frac{\frac{5}{2}bh^2}{5bh} = \frac{h}{2}$$

また，曲げ剛性 EI_i をこの図心を基準として求めると

応用問題1　合成・剛性

$$EI_i = \left\{ \frac{5b \times \left(\frac{h}{4}\right)^3}{12} + \left(5b \times \frac{h}{4}\right) \times \left(\frac{3}{8}h\right)^2 \right\} E + \left\{ \frac{b \times \left(\frac{h}{4}\right)^3}{3} + \frac{b \times \left(\frac{h}{2}\right)^3}{3} \right\} 5E = \frac{5bh^3 E}{12}$$

応用問題 2

T形断面鋼板接着

図A-2.1のようにひび割れ発生前のT形断面に曲げモーメント $M=40$ kN·m が作用するときの応力分布図を描け。ただし，$b=500$ mm，$b_0=100$ mm，$h=600$ mm，$d=550$ mm，$t=100$ mm，$t_0=4.5$ mm，そして $A_s=5.07$ cm^2 とする。また，コンクリートの弾性係数は $E_c=2.5\times10^4$ N/mm^2，鋼材の弾性係数は $E_s=2.0\times10^5$ N/mm^2 とし，弾性係数比は $n=E_s/E_c=8$ とする。

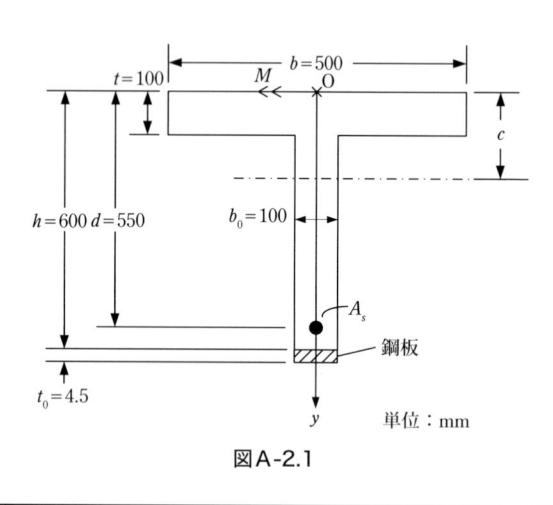

図A-2.1

解 答

基準点 O を断面の上縁にとり，基準点 O に関する換算断面積 A，換算断面1次モーメント B および換算断面2次モーメント I を求める。

$$A = (b-b_0)t + b_0h + nA_s + nb_0t_0 = 400\times100 + 100\times600 + 8\times507 + 8\times100\times4.5$$
$$= 108\times10^3 \text{mm}^2$$

$$B = (b-b_0)t \times \frac{t}{2} + b_0 h \times \frac{h}{2} + nA_s d + nb_0 t_0 \times \left(h + \frac{t_0}{2}\right)$$

$$= 400 \times 100 \times 50 + 100 \times 600 \times 300 + 8 \times 507 \times 550 + 8 \times 100 \times 4.5 \times \left(600 + \frac{4.5}{2}\right)$$

$$= 24.4 \times 10^6 \text{ mm}^3$$

$$I = \frac{(b-b_0)t^3}{3} + \frac{b_0 h^3}{3} + nA_s d^2 + n\left\{\frac{b_0 t_0^{\,3}}{12} + b_0 t_0 \times \left(h + \frac{t_0}{2}\right)^2\right\}$$

$$= \frac{400 \times 100^3}{3} + \frac{100 \times 600^3}{3} + 8 \times 507 \times 550^2$$

$$+ 8\left\{\frac{100 \times 4.5^3}{12} + 100 \times 4.5 \times \left(600 + \frac{4.5}{2}\right)^2\right\}$$

$$= 9.87 \times 10^9 \text{ mm}^4$$

軸ひずみ ε_0 および曲率 ϕ を求める。

$$\begin{Bmatrix}\varepsilon_0 \\ \phi\end{Bmatrix} = \frac{1}{E_c(AI-B^2)}\begin{bmatrix}I & -B \\ -B & A\end{bmatrix}\begin{Bmatrix}N \\ M\end{Bmatrix} \quad \text{および軸力 } N=0 \text{ より}$$

$$\varepsilon_0 = \frac{-BM}{E_c(AI-B^2)} = \frac{-24.4 \times 10^6 \times 40 \times 10^6}{2.5 \times 10^4 \left\{108 \times 10^3 \times 9.87 \times 10^9 - \left(24.4 \times 10^6\right)^2\right\}}$$

$$= -83.0 \times 10^{-6}$$

$$\phi = \frac{AM}{E_c(AI-B^2)} = \frac{108 \times 10^3 \times 40 \times 10^6}{2.5 \times 10^4 \left\{108 \times 10^3 \times 9.87 \times 10^9 - \left(24.4 \times 10^6\right)^2\right\}}$$

$$= 0.367 \times 10^{-6} / \text{mm}$$

任意の距離 y におけるひずみ ε は，$\varepsilon = \varepsilon_0 + \phi y = (-83.0 + 0.367y) \times 10^{-6}$

任意の距離 y における応力 σ は，$\sigma = E\varepsilon = E(-83.0 + 0.367y) \times 10^{-6}$

また，中立軸の位置 c（基準点 O から図心までの距離）では，$\varepsilon = \varepsilon_0 + \phi y = 0$ であるから，

$$c = -\frac{\varepsilon_0}{\phi} = \frac{B}{A} = 226 \text{mm}$$

コンクリートの断面上縁の応力 σ_{top} は

$$\sigma_{top} = E_c \varepsilon_{top} = 2.5 \times 10^4 \left(-83.0 + 0.367 \times 0\right) \times 10^{-6} = -2.08 \text{N/mm}^2$$

鉄筋の応力 σ_s は

$$\sigma_s = E_s \varepsilon = 2.0 \times 10^5 \left(-83.0 + 0.367 \times 550\right) \times 10^{-6} = 23.8 \text{N/mm}^2$$

コンクリートの断面下縁の応力 σ_{bot} は

$$\sigma_{bot} = E_c \varepsilon_{bot} = 2.5 \times 10^4 \left(-83.0 + 0.367 \times 600\right) \times 10^{-6} = 3.43 \text{N/mm}^2$$

鋼板の上縁の応力 σ_{stop} は

$$\sigma_{stop} = E_s \varepsilon_{stop} = 2.0 \times 10^5 \left(-83.0 + 0.367 \times 600\right) \times 10^{-6} = 27.4 \text{N/mm}^2$$

鋼板の下縁の応力 σ_{sbot} は

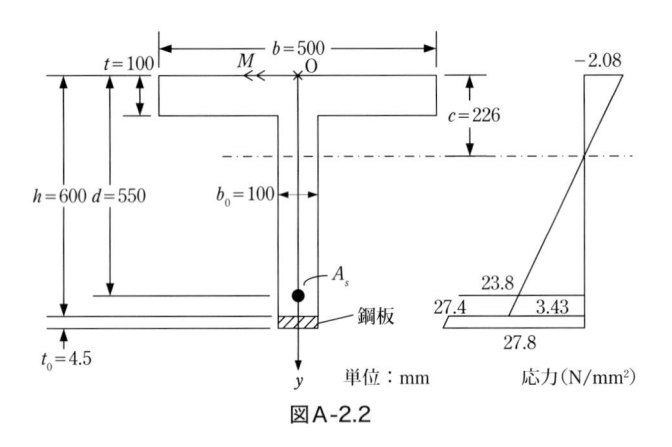

$$\sigma_{sbot} = E_s \varepsilon_{sbot} = 2.0 \times 10^5 \left(-83.0 + 0.367 \times 604.5\right) \times 10^{-6} = 27.8 \text{N/mm}^2$$

図A-2.2

基本問題 8

設 計 法

構造物の設計法に関する次の記述のうち，正しいものはどれか。
(1) 構造物を材料の弾性範囲内で設計する方法を弾塑性設計法という。
(2) 要求性能に関する限界状態を規定して，各性能の照査を行う設計法を限界状態設計法という。
(3) 終局限界状態，使用限界状態などの限界状態を設定し，その限界以下に収まるように設計する方法を極限状態設計法という。
(4) 構造物に生じる応力度が，材料の降伏点強度を安全率で割った応力度以下となるように設計する方法を許容応力度設計法という。

解 答

正しくは，下記のようになる。
(1) 構造物を材料の弾性範囲内で設計する方法を弾性設計法という。
(2) 正解。
(3) 要求性能(安全性，使用性)に関する限界状態を規定して照査する設計体系は，限界状態設計法である。
(4) 構造物に生じる応力度が，材料強度を安全率で割った応力度以下となるように設計する方法を許容応力度設計法という。

基本問題 9

耐久性照査

鉄筋コンクリート構造物の耐久性照査について，次の記述のうち最も不適切なものはどれか。

(1) 塩化物イオンの浸入の照査において，鋼材の腐食発生限界濃度を一般に $1.2\,\mathrm{kg/m^3}$ として検討を行う。塩化物イオンの浸入は，ひび割れ幅が大きいと急速に増大するが，ひび割れの発生が予想されない場合，練混ぜ時にコンクリート中に含まれる塩化物イオンの総量は $1.2\,\mathrm{kg/m^3}$ まで許容される。

(2) アルカリシリカ反応に対する照査において，コンクリートが所要の耐アルカリシリカ反応を満足すれば，構造物の所要の性能は失われないと考えられているが，海洋飛沫帯など外部から塩分が供給される場合には，コンクリートにより高い対策が要求される。

(3) 構造物の性能照査は，力学的性能と耐久性能の両面において検討される必要があり，それぞれ双方の要因を総合的に考慮して検討する方法がよくとられる。

(4) 構造物の耐久性照査の項目には，コンクリートの中性化，塩化物イオンの浸入，凍結融解作用，化学的腐食，アルカリシリカ反応による劣化に対する抵抗性などがあり，構造物の所要性能，設計耐用期間，使用材料などによって照査項目を選定する。

解 答

コンクリートの塩化物イオン濃度は，コンクリート製造時において $0.3\,\mathrm{kg/m^3}$ 以下になるよう規制されている。

また，鋼材の腐食が発生する限界塩化物イオン濃度は，$1.2\,\mathrm{kg/m^3}$ である。したがって，(1)は不適切。

基本問題 10

安全性設計

コンクリート構造物の安全性に対する設計の流れに関する次の記述のうち，正しいものはどれか。
(1) 構造細目のチェック後に，構造解析を行う。
(2) 断面力の算定後に，構造解析を行う。
(3) 適切な構造形式の選定後に，部材断面寸法を仮定する。
(4) 構造解析後に，設計荷重を設定する。

解 答

正しくは，下記のようになる。
(1) 構造解析を行い，断面形状，寸法を決定したのち構造細目の検討を行う。
(2) 構造解析により断面力の算定を行う。
(3) 正解。
(4) 設計荷重を設定後に構造解析を行う。

基本問題 11
RC 単純桁・矩形断面

図F-11.1(a)の鉄筋コンクリートはりに等分布荷重 ω が作用している。以下の問いに答えよ。

1. 曲げモーメント図を示せ。
2. RC はりの断面は，図F-11.1(b)に示すとおりであるが，この断面の中立軸深さ c を求めよ。ただし，弾性係数比は，$n=7$ とする。
3. 中立軸に関する換算断面2次モーメントを求めよ。
4. 支間中央におけるコンクリート圧縮縁の応力 σ_c および鉄筋の応力 σ_s を求めよ。

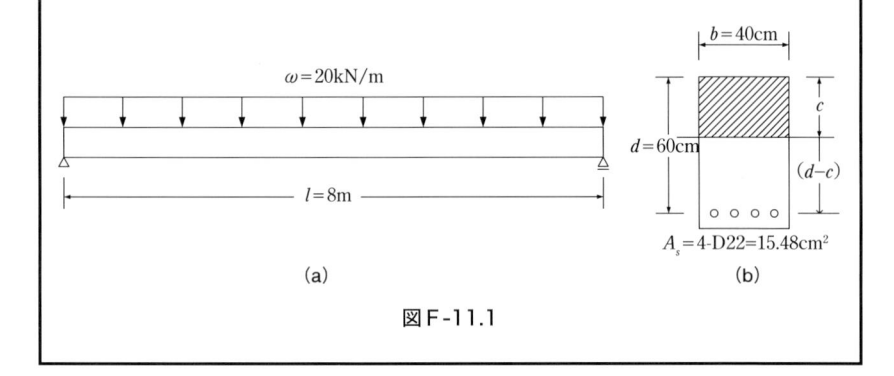

図F-11.1

解 答

1. 曲げモーメント

$$M_x = \frac{1}{2}\omega l x - \frac{1}{2}\omega x^2 = \frac{1}{2}\times 20 \times 8 \times x - \frac{1}{2}\times 20 \times x^2 = 80x - 10x^2$$

曲げモーメント図を図F-11.2に示す。

2. 中立軸位置

単鉄筋断面の中立軸深さ c は以下の式で与えられる。

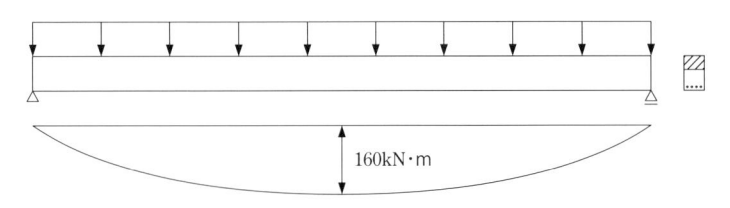

図 F-11.2　曲げモーメント図

$$c = \frac{nA_s}{b}\left\{-1 + \sqrt{1 + \frac{2bd}{nA_s}}\right\} = \frac{7 \times 15.48}{40}\left\{-1 + \sqrt{1 + \frac{2 \times 40 \times 60}{7 \times 15.48}}\right\} = 15.5\,\text{cm}$$

よって，中立軸深さ c は 155 mm となる。

3. 中立軸に関する換算断面2次モーメント

$$I_i = \frac{1}{3}bc^3 + nA_s(d-c)^2 = \frac{1}{3} \times 40 \times 15.5^3 + 7 \times 15.48 \times (60-15.5)^2 = 264\,232\,\text{cm}^4$$

4. 支間中央における曲げモーメントは $M = 160$ k·Nm であるので，コンクリート圧縮縁の応力度は以下の式で与えられる。

$$\sigma_c = \frac{M}{I_i}c = \frac{160 \times 1\,000 \times 1\,000}{264\,232 \times 10^4} \times (-155) = -9.39\,\text{N/mm}^2$$

また，鉄筋位置が，$d - c = 600 - 155 = 445$ mm を考慮して，鉄筋の応力 σ_s は

$$\sigma_s = \frac{nM}{I_i}(d-c) = \frac{7 \times 160 \times 1\,000 \times 1\,000}{264\,232 \times 10^4} \times 445 = 189\,\text{N/mm}^2$$

曲げ応力度分布を図 F-11.3 に示す。

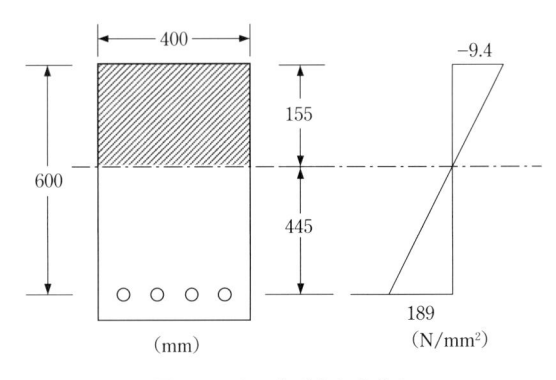

図 F-11.3　曲げ応力度分布

基本問題 12

円 形 断 面

　図F-12.1に示すような半径rの円形断面の鉄筋コンクリート部材に曲げモーメントMが作用する。次の問いに答えよ。

1. yをθで表せ。
2. dyを求めよ。
3. b_yをθで表せ。
4. $dA = b_y dy$をθで表せ。
5. 換算断面積Aをαを用いて表せ。
6. 基準点Oに関する換算断面1次モーメントBを求めよ。
7. 中立軸の位置cは，$B = c \cdot A$より求まる。その三角方程式を導け。

$$\tan\alpha(2+\cos^2\alpha) - 3\alpha - 3\pi np = 0$$

8. 7.で得られたこの方程式をニュートン・ラプソン法により解くためには，

$f(\alpha) = \tan\alpha(2+\cos^2\alpha) - 3\alpha - 3\pi np$ とおき，$\alpha_{i+1} = \alpha_i - \dfrac{f(\alpha_i)}{f'(\alpha_i)}$ を用いる。$f'(\alpha)$を求めよ。

9. 中立軸に関する換算断面2次モーメントI_iを求めよ。
10. コンクリート圧縮縁の応力，鉄筋の最大引張応力を求めよ。

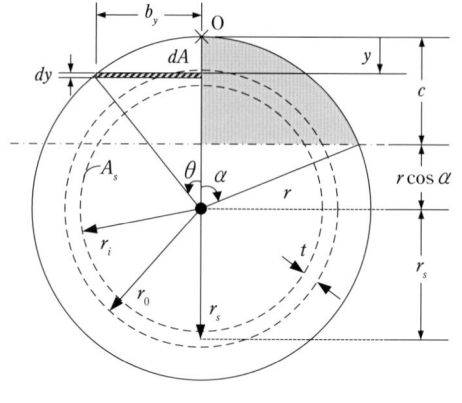

図F-12.1

基本問題 12　円形断面

> 解　答

1. $y = r - r\cos\theta$
2. $dy = r\sin\theta \cdot d\theta$
3. $b_y = r\sin\theta$
4. $dA = b_y dy = r^2 \sin^2\theta \cdot d\theta$
5. 換算断面積 A は

$$A = \int_{A_c} dA_c + nA_s = 2\int_0^\alpha r^2 \sin^2\theta \cdot d\theta + nA_s = r^2\left(-\frac{1}{2}\sin 2\alpha + \alpha\right) + nA_s$$

6. 基準点 O に関する換算断面 1 次モーメント B は

$$B = \int_{A_c} y \cdot dA_c + nA_s \cdot r = 2\int_0^\alpha (r - r\cos\theta) r^2 \sin^2\theta \cdot d\theta + nA_s r$$

$$= 2r^3 \int_0^\alpha \left(\sin^2\theta - \sin^2\theta\cos\theta\right) d\theta + nA_s r$$

$$= r^3\left(-\frac{1}{2}\sin 2\alpha + \alpha\right) - \frac{2}{3}r^3 \sin^3\alpha + nA_s r$$

7. $c = r(1 - \cos\alpha)$ であり，$B = c \cdot A$ から

$$r^3\left(-\frac{1}{2}\sin 2\alpha + \alpha\right) - \frac{2}{3}r^3 \sin^3\alpha + nA_s r = r(1 - \cos\alpha)\left\{r^2\left(-\frac{1}{2}\sin 2\alpha + \alpha\right) + nA_s\right\}$$

$$-\frac{2}{3}r^3 \sin^3\alpha = -r^3\left(-\frac{1}{2}\sin 2\alpha + \alpha\right)\cos\alpha - nA_s r\cos\alpha$$

$A_s = p\pi r^2$ を代入して

$$3\sin\alpha\cos^2\alpha - 3\alpha\cos\alpha + 2\sin^3\alpha - 3np\pi\cos\alpha = 0$$
$$\tan\alpha(2 + \cos^2\alpha) - 3\alpha - 3np\pi = 0$$

8. $f'(\alpha) = \dfrac{2}{\cos^2\alpha} + \cos^2\alpha - \sin^2\alpha - 3$

9. 中立軸に関する断面 2 次モーメント I_i は

$$r_0 - r_i = t,\quad \frac{r_0 + r_i}{2} = r_s,\quad A_s = p\pi r^2,\quad t = \frac{A_s}{2\pi r_s} = \frac{pr^2}{2r_s} \text{ より}$$

$$I_i = I_c + I_s$$
$$= \int_{A_c} (c-y)^2 dA_c + nA_s(r\cos\alpha)^2 + n\frac{\pi}{4}(r_0^4 - r_i^4)$$
$$= 2\int_0^\alpha r^4 (\cos\theta - \cos\alpha)^2 \sin^2\theta d\theta + np\pi r^4 \cos^2\alpha$$
$$+ \frac{np\pi r^2}{4}\left\{\frac{1}{2}\frac{p^2 r^4}{4r_s^2} + 2r_s^2\right\}$$

$\dfrac{1}{2}\dfrac{p^2 r^4}{4r_s^2}$ は，微小量であるので無視する。

$$I_i = \frac{r^4}{12}\{3\alpha(1+4\cos^2\alpha) - \sin\alpha\cos\alpha(2\cos^2\alpha + 13)\} + np\pi r^4\left\{\frac{1}{2}(\frac{r_s}{r})^2 + \cos^2\alpha\right\}$$
$$= \frac{r^4}{12}\left[3\alpha - \sin\alpha\cos\alpha(5 - 2\cos^2\alpha) + 6np\pi(\frac{r_s}{r})^2\right]$$

10. コンクリート圧縮縁の応力 σ_c は，$\sigma_c = \dfrac{M}{I_i}c$，鉄筋の最大引張応力 σ_s は，

$$\sigma_s = \frac{nM}{I_i}(r\cos\alpha + r_s) = \frac{nM}{I_i}(r - c + r_s)$$

応用問題 3

円形断面の数値計算

図A-3.1のような円形断面の中立軸深さ c をニュートン・ラプソン法を用いて求めよ。また断面に $M=120$ kN・m が作用するとき、中立軸に関する換算断面2次モーメント I_i を求め、コンクリート圧縮縁の応力と鉄筋の最大引張応力を求めよ。ただし、半径 $r=30$ cm, $r_s=24$ cm, 鉄筋は $A_s=12$-D32$=95.3$ cm^2 を使用し、弾性係数比 $n=8$ とする。

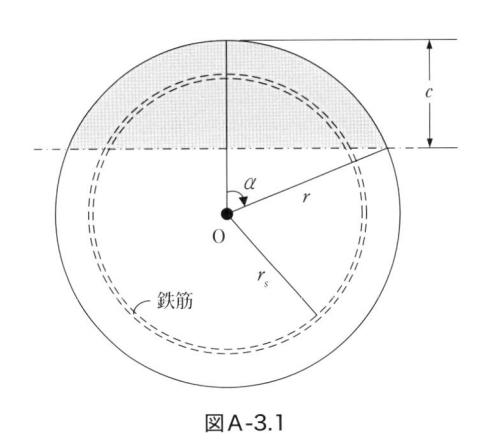

図A-3.1

解 答

中立軸深さ c は、$c=r(1-\cos\alpha)$ (1)

中立軸深さは次の方程式の α を求めることになる。

$$\tan\alpha(2+\cos^2\alpha)-3\alpha-3\pi np=0 \tag{2}$$

ここで、$p=\dfrac{A_s}{\pi r^2}$ である。

式(2)を $f(\alpha)=\tan\alpha(2+\cos^2\alpha)-3\alpha-3\pi np$ とおく。
また, $f(\alpha)$ を α で微分すると

$$f'(\alpha)=\frac{2}{\cos^2\alpha}+\cos^2\alpha-\sin^2\alpha-3 \tag{3}$$

$$\alpha_{i+1}=\alpha_i-\frac{f(\alpha_i)}{f'(\alpha_i)} \tag{4}$$

ニュートン・ラプソン法を用いて, 角度 α を求める。

いま, 初期値を $\alpha=85°$ として, 式(2)と式(3)を式(4)に代入し, 反復計算を行う。

表A-3.1

i	α_i		$f(\alpha)$	$f'(\alpha)$	α_{i+1}
	ラジアン(rad)	角度(°)			
0	1.48	85.0	15.96	259.31	1.42
1	1.42	81.5	6.68	87.05	1.35
2	1.35	77.1	2.36	36.09	1.28
3	1.28	73.3	0.57	20.48	1.25
4	1.25	71.7	0.06	16.54	1.25
5	1.25	71.5	0.00	16.12	1.25

よって, $\alpha=71.5°$ となる。

式(1)より, 中立軸深さ c は

$$c=r\{1-\cos(71.5°)\}=0.683r=20.5\text{cm}$$

換算断面2次モーメントは

$$I_i=\frac{r^4}{12}\left[3\alpha-\sin\alpha\cos\alpha(5-2\cos^2\alpha)+6np\pi\left(\frac{r_s}{r}\right)^2\right]=3.75\times10^9\text{mm}^4$$

コンクリート圧縮縁の応力 σ_c は,

$$\sigma_c=\frac{M}{I_i}c=\frac{120\times10^6}{3.75\times10^9}\times(-205)=-6.56\text{N/mm}^2$$

応用問題3　円形断面の数値計算

鉄筋の最大引張応力 σ_s は

$$\sigma_s = n\frac{M}{I_i}(r-c+r_s) = 8 \times \frac{120 \times 10^6}{3.75 \times 10^9} \times 335 = 85.8 \text{N/mm}^2$$

中立軸を求めるために，図 A-3.2 のような表計算ソフトを用いる。この計算法については，"知っとくコーナー：3"で説明する。

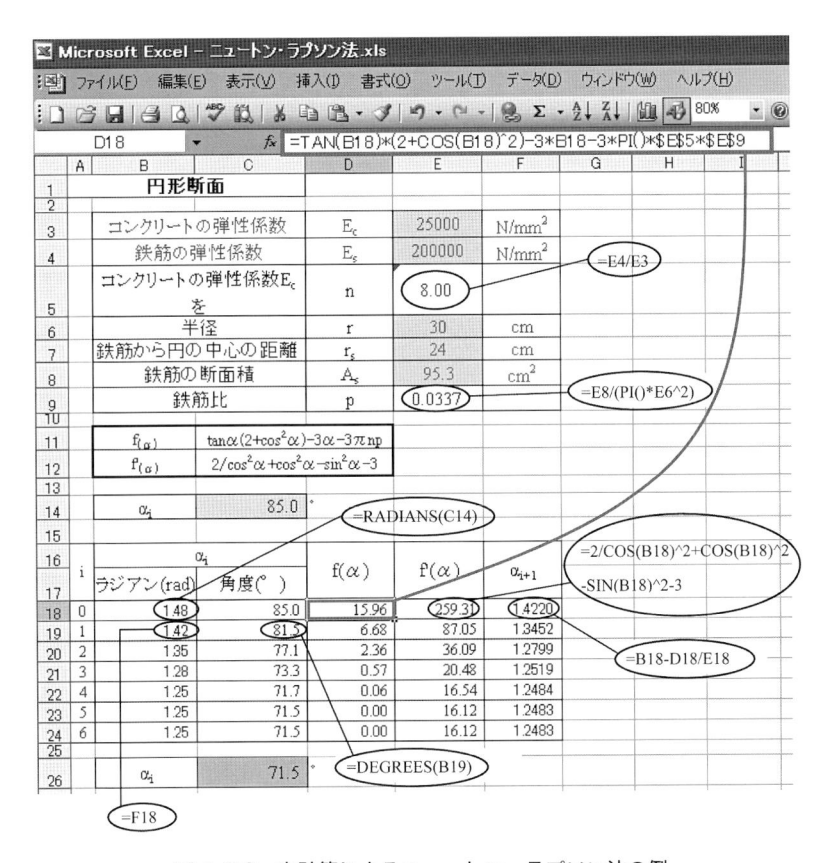

図 A-3.2　表計算によるニュートン・ラプソン法の例

Cameo 知っとくコーナー：3

■ニュートン・ラプソン法

図-1の実線で示す$f(x)=0$となるxを求めることは，$f(x)$とx軸の交点$(x_a,0)$を求めることである。

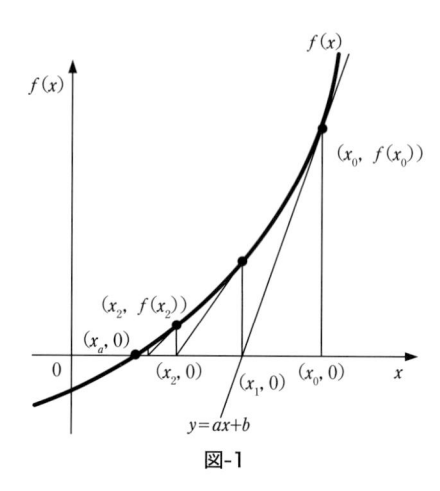

図-1

はじめに初期値として，$x=x_0$と仮定し，曲線上の点$(x_0,f(x_0))$での接線を$y=ax+b$とする。この接線yは，点$(x_0,f(x_0))$を通るから，

$$a=f'(x_0), \quad b=f(x_0)-f'(x_0)\cdot x_0$$

が得られ，

$$y=f'(x_0)\cdot x+f(x_0)-f'(x_0)\cdot x_0 \quad (1)$$

となる。

この接線とx軸との交点$(x_1,0)$を求めると，

$$0=f'(x_0)\cdot x_1+f(x_0)-f'(x_0)\cdot x_0 \quad (2)$$

であるから，

$$x_1 = x_0 - \frac{f(x_0)}{f'(x_0)} \qquad (3)$$

となる。

初期値 x_0 をもとに，新たな x_1 を求めたが，以降この計算を繰り返すと次式となる。

$$x_{n+1} = x_n - \frac{f(x_n)}{f'(x_n)} \qquad (4)$$

ここで，x_{n+1} が x_n となる収束値が解 x_a である。

$f(x)$の微分 $f'(x)$を得るのが難しい場合は，x_n に十分近い点 $x_n+\delta_n$ を選び，$f(x_n+\delta_n)$を合わせて計算し，式(4)にかえて，式(5)を用いる方法もある。

$$x_{x+1} = x_n - \frac{f(x_n)}{f(x_n+\delta_n)-f(x_n)}\delta_n \qquad (5)$$

表計算ソフトを用いて，代数方程式をニュートンラプソン法により解く。いま，$x^3+3x^2-4=0$ の解を得たい。

ファイル(F)　編集(E)　表示(V)　挿入(I)　書式(O)　ツール(T)　データ(D)　ウィンドウ(W)　ヘルプ(H)

O45　fx

	A	B	C	D	E	F	G
1	代数方程式の解法						
2							
3	f(x)	ax^3+bx^2+cx+d		a	b	c	d
4				1	3	0	-4
5							
6	f'(x)	$3ax^2+2bx+c$		3a	2b	c	
7				3	6	0	
8							
9	X_0	3		X_a	1		
10							
11	n	x_n	$f(x_n)$	$f'(x_n)$	x_{n+1}		
12	0	3.000	50.00	45	1.889		
13	1	1.889	13.44	22	1.279		
14	2	1.279	3.00	13	1.041		
15	3	1.041	0.37	9	1.001		
16	4	1.001	0.01	9	1.000		
17	5	1.000	0.00	9	1.000		
18	6	1.000	0.00	9	1.000		

図-2

一般に 3 次方程式は $ax^3+bx^2+cx+d=0$ で表される。

i) 方程式の左辺を関数 $f(x)$ とおくと，

$$f(x)=ax^3+bx^2+cx+d$$

ここで，標記方程式においては，$a=1$, $b=3$, $c=0$, $d=-4$ となる。

ii) $f(x)$ の微分は次のとおりである。

$$f'(x)=3ax^2+2bx+c$$

図-2 に示す例題を用いて計算法を説明する。

(1) データと関数，数式の入力と作成

1. 関数 $f(x)$ を作成する。
   【D4】〜【G4】のセルに定数を設定する。
2. 微分 $f'(x)$ を作成する。
   【D7】のセルには =3*D4 と入力する。
   【E7】のセルには =2*E4 と入力する。
   【F7】のセルには =F4 と入力する。
3. 初期値の入力
   【B9】のセルに，初期値 x_0 を入力する(整数または実数)。
4. 【A12】のセルに繰り返し回数 0 を入力する。
5. 【B12】のセルに =B9 と入力する。
6. 【C12】のセルに =$D$4*B12^3+$E$4*B12^2+$F$4*B12+$G$4 と記述する。
   ここで，$D$4 は【D4】のセルの数値を絶対参照で表し，同様に$E$4, $F$4 および$G$4 もそれぞれ，【E4】,【F4】および【G4】のセルの数値である。
7. 【D12】のセルに =$D$7*B12^2+$E$7*B12+$F$7 と記述する。
8. 【E12】のセルに =B12−C12/D12 と記述する。
9. 【B13】のセルに =E12 と入力する。
   以降，繰り返し回数 $n=1$, 2, 3…のときの各セルの入力方法も同様

である。

(2) 計算結果の表示
1. 【B12】のセルに設定した初期値 x_0（＝B9）が表示される。
2. 【C12】のセルに $f(x)$ の計算結果が表示される。
3. 【D12】のセルに $f'(x)$ の計算結果が表示される。
4. 【E12】および【B13】のセルに x_1 の値が表示される。

　得られた x_n を新たな初期値として，以降も同様の計算を行っていく。オートフィル（セルをドラッグしてペーストする）の機能を用いると新たな式の設定が簡単である。

　x_n が新たな初期値として【B13】，【B14】，【B15】…のセルに入力され，表示される。

　$f(x)=0$ に収束したときの x が解である。

　$x^3+3x^2-4=0$ となる解 x_a は $x_a=1$ と求まる。

　なお，$f(x)=x^3+3x^2-4$ のグラフは**図-3** のようになり，初期値を極値である 0 より小さい値を選ぶと解 x_a は -2 に収束する。

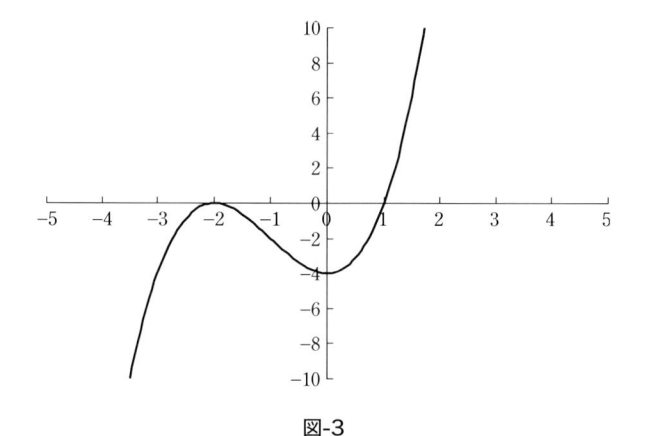

図-3

応用問題 4

高さの変化するはりの数値計算

図A-4.1 のような高さが変化する RC はりがある。単鉄筋矩形断面に曲げモーメント $M=100$ kN·m が作用するときのコンクリート圧縮縁および鉄筋の応力を求めよ。また圧縮力の作用位置を求めよ。ただし，断面幅 $b=30$ cm，有効高さ $d=53$ cm，そして鉄筋の断面積 $A_s=20.27$ cm^2（4-D25）とする。また，弾性係数比は $n=E_s/E_c=15$ とする。

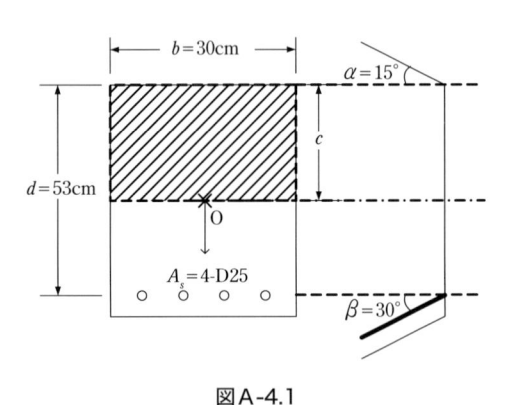

図A-4.1

解答

高さが変化するはりにおいて，中立軸深さ c は一般に次式から得られる。

$$B_c \cos^2 \alpha + B'_s \cos \alpha' + B_s \cos \beta = 0 \tag{1}$$

中立軸に関する圧縮部コンクリートの断面1次モーメント B_c は，

$$B_c = b \times c \times \left(-\frac{c}{2}\right)$$

中立軸に関する圧縮鉄筋の換算断面1次モーメント B'_s は，$B'_s = 0$

応用問題 4　高さの変化するはりの数値計算

中立軸に関する引張鉄筋の換算断面 1 次モーメント B_s は，$B_s = nA_s(d-c)$
式(1)より，中立軸深さ c を求める。

$$-\frac{b}{2}c^2\cos^2 15° + nA_s(d-c)\cos 30° = 0$$

$$-\frac{30}{2}c^2\cos^2 15° + 15 \times 20.27(53-c)\cos 30° = 0$$

よって，中立軸深さ c は，$c = 23.5$ cm
また，換算断面 2 次モーメント I_i は，

$$I_i = I_c \cos^2 \alpha + nA'_s {y'_s}^2 \cos\alpha' + nA_s y_s^2 \cos\beta$$

であるので，

$$I_i = \frac{bc^3}{3}\cos^2 15° + nA_s(d-c)^2\cos 30° = \frac{30 \times 23.5^3 \times 0.966^2}{3}$$

$$+ 15 \times 20.27(53-23.5)^2 \times \frac{\sqrt{3}}{2} = 350 \times 10^3 \text{cm}^4$$

よって，σ_c および σ_s は

$$\sigma_c = \frac{M}{I_i}c = \frac{10\,000\,000}{350 \times 10^3} \times (-23.5) = -671.4 \text{N/cm}^2 = -6.71 \text{N/mm}^2$$

$$\sigma_s = \frac{nM}{I_i}(d-c) = \frac{15 \times 10\,000\,000}{350 \times 10^3} \times (53-23.5) = 12\,642.9 \text{N/cm}^2$$

$$= 126.4 \text{N/mm}^2$$

圧縮力の作用位置 y_c を求めるための一般式は次のとおりである。

$$y_c = \frac{I_c}{B_c} = \frac{I_c \cos^2\alpha + nA'_s(c-d')^2\cos\alpha'}{B_c \cos^2\alpha + nA'_s(c-d')\cos\alpha'}$$

いま，$A'_s = 0$ であるので

$$y_c = \frac{\dfrac{bc^3}{3}\cos^2 15°}{-\dfrac{bc^2}{2}\cos^2 15°} = -\frac{2}{3}c = -15.7 \text{cm}$$

基本問題 13

RC 部材

曲げモーメントを受ける鉄筋コンクリート部材に関する次の記述のうち，正しいものはどれか。

(1) 引張鉄筋量の増加に伴い，終局曲げ耐力は比例的に増大する。
(2) 引張鉄筋量の増加に伴い，曲げひび割れ発生荷重は比例的に増大する。
(3) 曲げ応力度の算定にあたっては，コンクリートの引張応力を考慮しなければならない。
(4) 釣合い鉄筋比とは，圧縮域コンクリートがその終局限界ひずみに達すると同時に引張鉄筋が降伏するような断面の鉄筋比をいう。

解 答

正しくは，下記のようになる。

(1) 引張鉄筋量が釣合い鉄筋比に達するまでは，終局曲げ耐力は鉄筋量に比例するが，釣合い鉄筋比以上に鉄筋量を増やしても終局曲げ耐力の増加割り合いは小さい。
(2) の場合，曲げひび割れ発生荷重は，引張鉄筋量より，コンクリートの曲げ強度の大きさに係る。
(3) の場合，RC 部材の応力の算定においては，引張応力を受けるコンクリート部を無視する。
(4) 正解。

基本問題 14

曲げ耐力-鉄筋比

　図F-14.1の単鉄筋コンクリート矩形断面において，鉄筋量 A_s が(1) 10-D35，(2) 6-D29(いずれも SD345)のときの曲げ耐力を求めよ。ただし，$b=50\,\mathrm{cm}$，$d=68\,\mathrm{cm}$，$f'_{ck}=24\,\mathrm{N/mm^2}$，$f_{yk}=345\,\mathrm{N/mm^2}$，$E_c=2.5\times10^4\,\mathrm{N/mm^2}$，$E_s=2.0\times10^5\,\mathrm{N/mm^2}$，$\gamma_c=1.3$，$\gamma_s=1.0$，$\gamma_b=1.15$ とする。

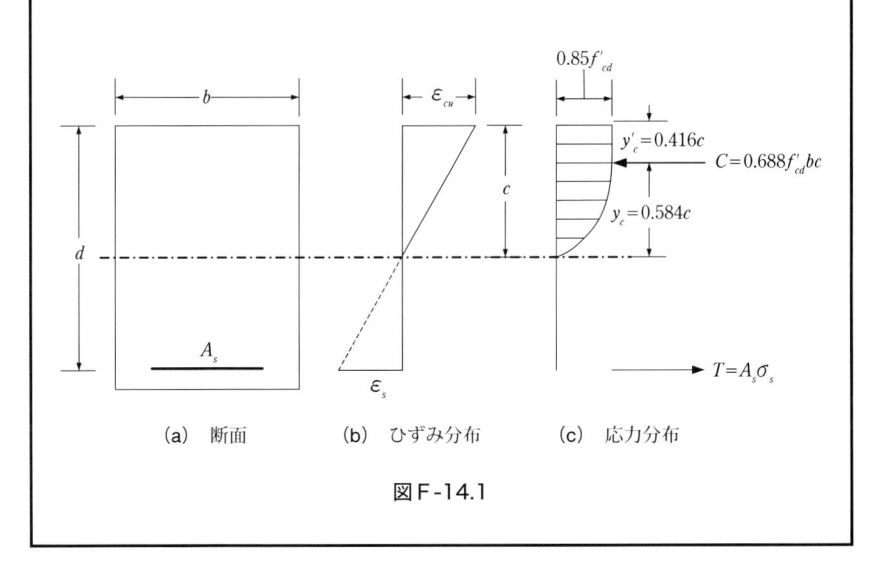

(a) 断面　　(b) ひずみ分布　　(c) 応力分布

図F-14.1

解 答

$$f'_{cd}=\frac{f'_{ck}}{r_c}=\frac{24}{1.3}=18.5\,\mathrm{N/mm^2},\quad f_{yd}=\frac{f_{yk}}{r_s}=\frac{345}{1.0}=345\,\mathrm{N/mm^2}$$

釣合い鉄筋比のとき

　コンクリート断面の圧縮縁が終局ひずみ ε_{cu} に達すると同時に，引張鉄筋が降伏ひずみ ε_{yd} に達する。

$\varepsilon_{yd} = \dfrac{f_{yd}}{E_s} = \dfrac{345}{2.0 \times 10^5} = 0.00173$ を用いて

$$c^* = \dfrac{\varepsilon_{cu}}{\varepsilon_{cu} + \varepsilon_{yd}} d = \dfrac{0.0035 \times 68}{0.0035 + 0.00173} = 45.5\text{cm}$$

圧縮力 C は，$C = 0.688 f'_{cd} bc = 0.688 \times 18.5 \times 500 \times 455 = 2.896 \times 10^6$ N

釣合い断面に対応する鉄筋量 A_s^* は，$A_s^* = \dfrac{C}{f_{yd}} = \dfrac{2.896 \times 10^6}{345} = 8\,394\text{mm}^2$

釣合い鉄筋比 p^* は，$p^* = \dfrac{A_s^*}{bd} = \dfrac{8\,394}{500 \times 680} = 0.0247$ であるから $p^* = 2.47\%$

圧縮縁から圧縮力 C が作用している点までの距離を y'_c とすると，

$$y'_c = 0.416c = 0.416 \times 455 = 189 \text{ mm}$$

圧縮力 C の作用位置での曲げモーメントの釣合いから，曲げ耐力 M_u は

$$M_u = A_s^* f_{yd}(d - y'_c) = 8\,394 \times 345 \times (680 - 189) = 1\,422 \text{kN} \cdot \text{m}$$

部材係数 γ_b は $\gamma_b = 1.15$ であるから，設計曲げ耐力 M_{ud} は

$$M_{ud} = \dfrac{1\,422}{1.15} = 1\,237 \text{kN} \cdot \text{m}$$

(1) 10-D35 のとき

$A_s = 10 \times 9.566 = 95.66 \text{ cm}^2$ より

鉄筋比 p は，$p = \dfrac{A_s}{bd} = \dfrac{95.66}{50 \times 68} = 2.81(\%)$

$p^* < p$ より鉄筋は弾性域にあり，引張力 T は，

$$T = A_s \sigma_s = A_s E_s \dfrac{d-c}{c} \varepsilon_{cu} = 9\,566 \times 2.0 \times 10^5 \times \dfrac{680-c}{c} \times 0.0035$$

で与えられる．また，圧縮力 C は，$C = 0.688 f'_{cd} bc = 0.688 \times 18.5 \times 500 \times c$ と得られるので，$C = T$ から，中立軸深さ c は，$c = 470$ mm

圧縮縁から圧縮力 C が作用している点までの距離を y'_c とすると，

$$y'_c = 0.416c = 0.416 \times 470 = 195.5 \text{ mm}$$

圧縮力 C の作用位置での曲げモーメントの釣合いを考慮すると，

$$M_u = T\left(d - y_c'\right) = A_s E_s \frac{d-c}{c} \varepsilon_{cu}\left(d - y_c'\right)$$
$$= 9\,566 \times 2.0 \times 10^5 \times \frac{680 - 470}{470} \times 0.0035 \times (680 - 195.5) = 1\,450\,\text{kN·m}$$

部材係数 $\gamma_b = 1.15$ より，設計曲げ耐力 M_{ud} は，$M_{ud} = \dfrac{M_u}{\gamma_b} = \dfrac{1\,450}{1.15} = 1\,261\,\text{kN·m}$

(2) 6-D29 のとき

$A_s = 6 \times 6.424 = 38.5\,\text{cm}^2$ より

鉄筋比 p は，$p = \dfrac{A_s}{bd} = \dfrac{38.5}{50 \times 68} = 0.0113$

すなわち鉄筋比は，$p = 1.13(\%)$ となり $p < p^*$ であるから，$T = A_s f_{yd}$
中立軸深さ c は，水平方向の釣合い $C = T$ より

$$c = \frac{A_s f_{yd}}{0.688 f_{cd}' b} = \frac{3\,850 \times 345}{0.688 \times 18.5 \times 500} = 209\,\text{mm}$$

圧縮縁から圧縮力 C が作用している点までの距離 y_c' は

$$y_c' = 0.416c = 0.416 \times 209 = 86.9\,\text{mm}$$

圧縮力 C の作用位置での曲げモーメントの釣合いから曲げ耐力 M_u は，

$$M_u = A_s f_{yd}\left(d - y_c'\right) = 3\,850 \times 345 \times (680 - 86.9) = 788\,\text{kN·m}$$

部材係数 $\gamma_b = 1.15$ より，設計曲げ耐力 M_{ud} は

$$M_{ud} = \frac{788}{1.15} = 685\,\text{kN·m}$$

図 F-14.2 に鉄筋比と曲げ耐力の関係を示す。

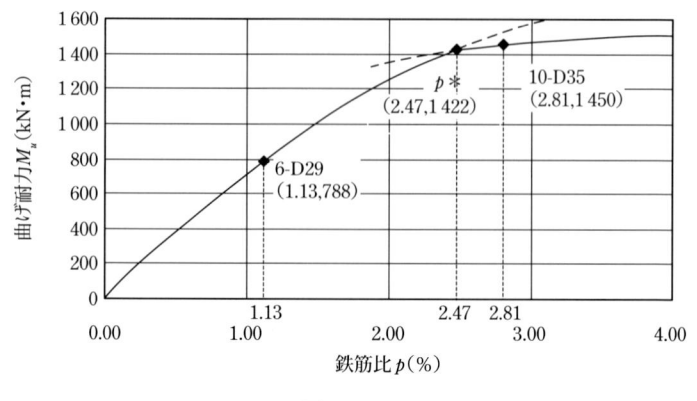

図 F-14.2

応用問題 5

T形断面の曲げ耐力

　図A-5.1のような鉄筋コンクリートT形断面に関する曲げ耐力 M_u を求めよ。ただし、$b=50$ cm, $t=10$ cm, $b_0=10$ cm, $d=68$ cm, $A_s=25.7$ cm^2, $f'_{ck}=24$ N/mm^2, SD345を使用するとして $f_{yk}=345$ N/mm^2, 係数 $k_1=0.85$, $\varepsilon_1=0.002$, $\varepsilon_0=\varepsilon_{cu}=0.0035$, コンクリートの材料係数 $\gamma_c=1.3$, 鉄筋の材料係数 $\gamma_s=1.0$ とする。

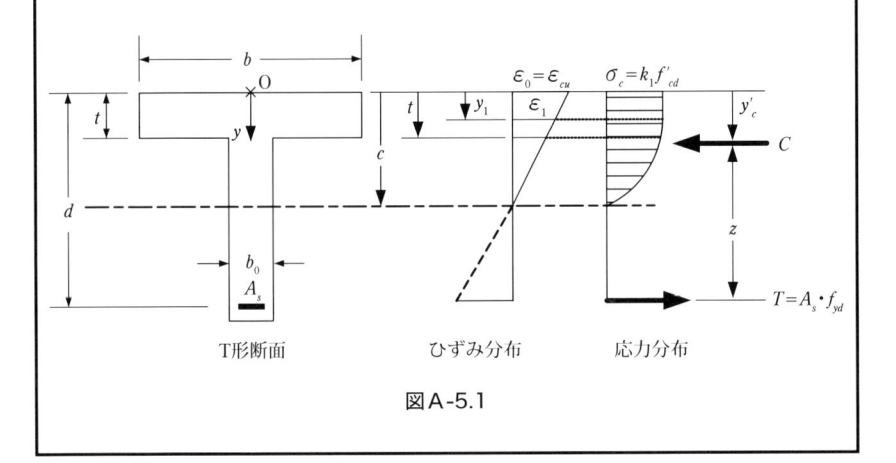

図A-5.1

解 答-1

　コンクリートおよび鉄筋の設計強度は,

$$f'_{cd} = \frac{f'_{ck}}{r_c} = \frac{24}{1.3} = 18.5 \text{N/mm}^2, \quad f_{yd} = \frac{f_{yk}}{r_s} = \frac{345}{1.0} = 345 \text{N/mm}^2$$

ひずみに関し、$\varepsilon_1=0.002$, $\varepsilon_0=\varepsilon_{cu}=0.0035$ であるので,

$$\frac{\varepsilon_0}{\varepsilon_1} = \frac{0.0035}{0.002} = 1.75$$

また、図A-5.2のひずみ分布より,

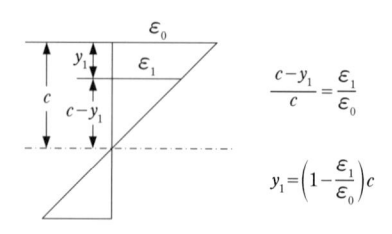

図A-5.2 ひずみ分布

$$y_1 = \left(1 - \frac{\varepsilon_1}{\varepsilon_0}\right)c = \left(1 - \frac{0.002}{0.0035}\right)c = 0.429c$$

である。

圧縮力 C は，$t > y_1$ のとき，

$$C = \int_0^c \sigma_{cy} b_y dy = \int_0^{y_1} k_1 f'_{cd} b_y dy + \int_{y_1}^c k_1 f'_{cd} \left\{ 2\frac{\varepsilon_0}{\varepsilon_1}\left(1 - \frac{y}{c}\right) - \frac{\varepsilon_0^2}{\varepsilon_1^2}\left(1 - \frac{y}{c}\right)^2 \right\} b_y dy \quad (1)$$

$$C = k_1 f'_{cd} b \left[\int_0^{y_1} dy + \int_{y_1}^t \left\{ 2\frac{\varepsilon_0}{\varepsilon_1}\left(1 - \frac{y}{c}\right) - \frac{\varepsilon_0^2}{\varepsilon_1^2}\left(1 - \frac{y}{c}\right)^2 \right\} dy \right.$$

$$\left. + \frac{b_0}{b} \int_t^c \left\{ 2\frac{\varepsilon_0}{\varepsilon_1}\left(1 - \frac{y}{c}\right) - \frac{\varepsilon_0^2}{\varepsilon_1^2}\left(1 - \frac{y}{c}\right)^2 \right\} dy \right] \quad (2)$$

$$= k_1 f'_{cd} b \left[y_1 + \frac{\varepsilon_0}{\varepsilon_1}(2 - \frac{\varepsilon_0}{\varepsilon_1})\left\{(t - y_1) + \frac{b_0}{b}(c - t)\right\} \right.$$

$$\left. + \frac{\varepsilon_0}{\varepsilon_1}\frac{1}{c}(\frac{\varepsilon_0}{\varepsilon_1} - 1)\left\{(t^2 - y_1^2) + \frac{b_0}{b}(c^2 - t^2)\right\} - \frac{\varepsilon_0^2}{\varepsilon_1^2}\frac{1}{3c^2}\left\{(t^3 - y_1^3) + \frac{b_0}{b}(c^3 - t^3)\right\} \right]$$

$$C = k_1 f'_{cd} b \left(0.226\,c + 35.04 + 10\,504\frac{1}{c} - 816\,667\frac{1}{c^2} \right)$$

圧縮力 C と引張力 T の釣合いから中立軸深さ c を求める。$C = T = A_s f_{yd}$ より

$$0.85 \times 18.5 \times 500 \times \left(0.226c + 35.04 + 10\,504\frac{1}{c} - 816\,800\frac{1}{c^2} \right) = 2\,570 \times 345$$

$$0.226c - 77.73 + 10\,504\frac{1}{c} - 816\,667\frac{1}{c^2} = 0$$

$$0.226c^3 - 77.73c^2 + 10\,504c - 816\,667 = 0$$

中立軸深さ c は，$c=203$ mm となる。

また，$y_1=0.429\,c=87.1$ mm $<t=100$ mm であり，圧縮力 C は式(2)より求まり，$C=113\,k_1 f'_{cd} b = 888$ kN となる。

上縁から圧縮力の作用位置までの距離 y'_c は，

$$y'_c = \frac{\int_0^c \sigma_{cy} b_y y\,dy}{\int_0^c \sigma_{cy} b_y\,dy} = \frac{\int_0^c \sigma_{cy} b_y y\,dy}{C}$$

$$= \left[\int_0^{y_1} k_1 f'_{cd} by\,dy + \int_{y_1}^t k_1 f'_{cd}\left\{2\frac{\varepsilon_0}{\varepsilon_1}\left(1-\frac{y}{c}\right) - \frac{\varepsilon_0^{\,2}}{\varepsilon_1^{\,2}}\left(1-\frac{y}{c}\right)^2\right\} by\,dy\right.$$

$$\left. + \int_t^c k_1 f'_{cd}\left\{2\frac{\varepsilon_0}{\varepsilon_1}\left(1-\frac{y}{c}\right) - \frac{\varepsilon_0^{\,2}}{\varepsilon_1^{\,2}}\left(1-\frac{y}{c}\right)^2\right\} b_0 y\,dy\right] / 113\,k_1 f'_{cd} b$$

$$= \frac{6\,771}{113} = 59.9\,\text{mm}$$

よって曲げ耐力 M_u は

$$M_u = Tz = A_s f_{yd}(d - y'_c)$$
$$= 2\,570 \times 345 \times (680 - 59.9) = 550 \times 10^6\,\text{N}\cdot\text{mm} = 550\,\text{kN}\cdot\text{m}$$

上記では，$t>y_1$ の場合では，圧縮力 C は，式(2)から得られた。

一方，$t<y_1$ の場合には，圧縮力 C は，次の式(3)から求めることになる。

$$C = \int_0^t k_1 f'_{cd} b\,dy + \int_t^{y_1} k_1 f'_{cd} b_0\,dy$$
$$+ \int_{y_1}^c k_1 f'_{cd}\left\{2\frac{\varepsilon_0}{\varepsilon_1}\left(1-\frac{y}{c}\right) - \frac{\varepsilon_0^{\,2}}{\varepsilon_1^{\,2}}\left(1-\frac{y}{c}\right)^2\right\} b_0\,dy \quad (3)$$

解 答 -2

同じ問題を図A-5.3のような等価応力ブロックを適用して解く。

コンクリートおよび鉄筋の設計強度は，

$$f'_{cd} = \frac{f'_{ck}}{r_c} = \frac{24}{1.3} = 18.5\,\text{N/mm}^2, \quad f_{yd} = \frac{f_{yk}}{r_s} = \frac{345}{1.0} = 345\,\text{N/mm}^2$$

また，鉄筋の降伏ひずみは，$\varepsilon_{yd} = \dfrac{f_{yd}}{E_s} = \dfrac{345}{2.0\times 10^5} = 0.00173$

T形断面 / ひずみ分布 / 等価応力ブロック

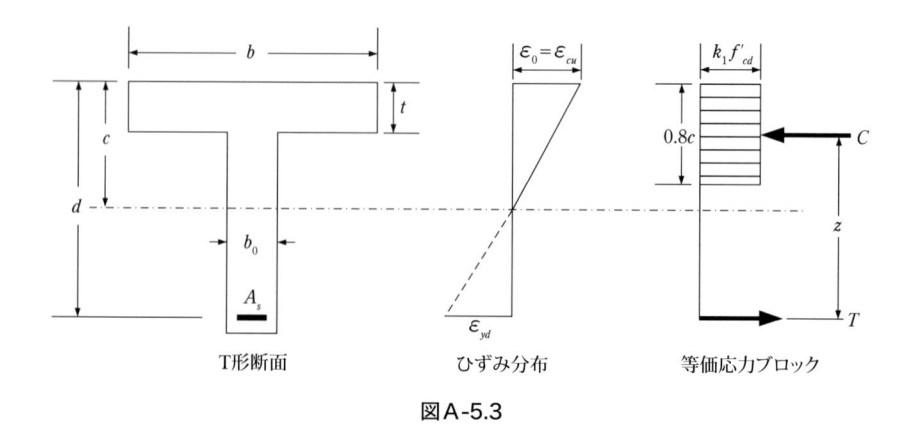

図A-5.3

$$c = \frac{\varepsilon_{cu} \times d}{\varepsilon_{cu} + \varepsilon_{yd}} = \frac{0.0035 \times 68}{0.0035 + 0.00173} = 45.5 \text{cm}$$

いま，T形断面を図A-5.4および図A-5.5のようにフランジ突出部とウェブ部に分けて考える。

（1）フランジ突出部

図A-5.4のようにフランジ突出部に作用する圧縮力C_fが引張力$T_f = A_{sf} f_{yd}$と等しいときのA_{sf}を求めると，

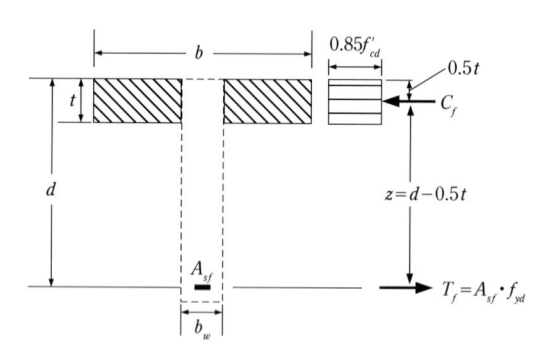

図A-5.4　フランジの突出部

$$0.85 f'_{cd} \times (b - b_0) \times t = f_{yd} A_{sf}$$

$$A_{sf} = \frac{0.85 f'_{cd}(b-b_0)t}{f_{yd}} \quad \text{より}$$

$$A_{sf} = \frac{0.85 \times 18.5(500-100) \times 100}{345} = 1\,823\,\text{mm}^2$$

(2) ウェブ部

図A-5.5のようにウェブ部の矩形断面に関し，C_w が $T_w = (A_s - A_{sf})f_{yd}$ に等しいとき，$0.85 f'_{cd} \times b_0 \times 0.8c = (A_s - A_{sf})f_{yd}$ より中立軸の深さ c は

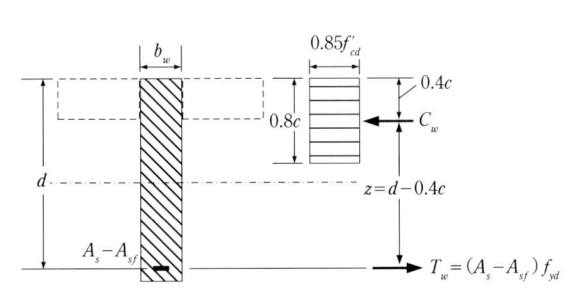

図A-5.5　ウェブ部

$$c = \frac{(A_s - A_{sf})f_{yd}}{0.68 f'_{cd} b_0} = \frac{(2\,570 - 1\,823) \times 345}{0.68 \times 18.5 \times 100} = 205\,\text{mm}$$

(3) T形断面の曲げ耐力 M_u

$$\begin{aligned}
M_u &= T_f(d - 0.5t) + T_w(d - 0.4c) \\
&= A_{sf} \cdot f_{yd}(d - 0.5t) + (A_s - A_{sf})f_{yd}(d - 0.4c) \\
&= 1\,823 \times 345 \times (680 - 0.5 \times 100) + (2\,570 - 1\,823) \times 345 \times (680 - 0.4 \times 205) \\
&= 550 \times 10^6\,\text{N} \cdot \text{mm} = 550\,\text{kN} \cdot \text{m}
\end{aligned}$$

また，圧縮力 C の作用位置 y'_c は

$$y'_c = \frac{C_f \times 0.5t + C_w \times 0.4c}{C} = \frac{A_{sf} f_{yd} \times 0.5t + (A_s - A_{st})f_{yd} \times 0.4c}{A_s f_{yd}}$$

より

$$\begin{aligned}
y'_c &= \frac{1\,823 \times 345 \times 0.5 \times 100 + (2\,570 - 1\,823) \times 345 \times 0.4 \times 205}{2\,570 \times 345} \\
&= \frac{31\,446\,750 + 21\,132\,630}{886\,650} = 59.3\,\text{mm}
\end{aligned}$$

応用問題6

複鉄筋断面の曲げ耐力

図A-6.1の複鉄筋コンクリート矩形断面において，鉄筋量 A_s=95.66 cm^2，A_s'=38.26 cm^2（いずれも SD345）のときの曲げ耐力を求めよ。ただし，b=50 cm，d=68 cm，d'=5 cm，f_{ck}'=24 N/mm^2，f_{yk}=345 N/mm^2，f_{yk}'=345 N/mm^2，E_c=2.5×10^4 N/mm^2，E_s=2.0×10^5 N/mm^2，γ_c=1.3，γ_s=1.0，γ_b=1.15 とする。

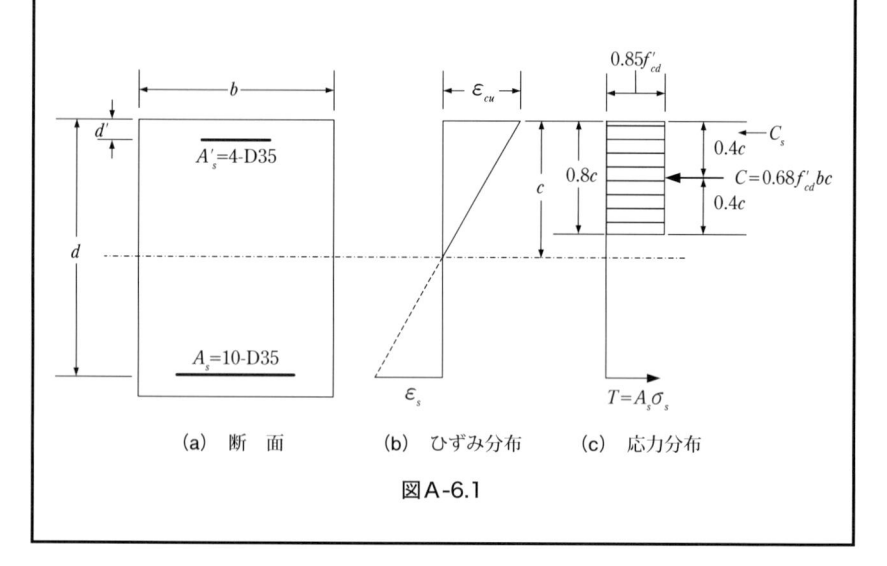

(a) 断　面　　(b) ひずみ分布　　(c) 応力分布

図A-6.1

解答-1

コンクリートおよび鉄筋の設計強度は，

$$f_{cd}' = \frac{f_{ck}'}{\gamma_c} = \frac{24}{1.3} = 18.5 \text{N/mm}^2, \quad f_{yd} = \frac{f_{yk}}{\gamma_s} = \frac{345}{1.0} = 345 \text{N/mm}^2,$$

$$f_{yd}' = \frac{f_{yk}'}{\gamma_s} = \frac{345}{1.0} = 345 \text{N/mm}^2$$

引張鉄筋および圧縮鉄筋がともに降伏していると仮定すると，水平方向の力の釣合いより中立軸の位置 c は，

$$c = \frac{A_s f_{yd} - A'_s f'_{yd}}{0.68 f'_{cd} b} = \frac{9\,566 \times 345 - 3\,826 \times 345}{0.68 \times 18.5 \times 500} = 315\text{mm} = 31.5\text{cm}$$

ここで，上縁のコンクリートが圧壊時に引張鉄筋が降伏している条件は，

$$\varepsilon_s = \frac{d-c}{c}\varepsilon_{cu} > \varepsilon_{yd} = \frac{f_{yd}}{E_s} \quad \text{すなわち} \quad c < \frac{\varepsilon_{cu} d}{\varepsilon_{cu} + \varepsilon_{yd}},$$

$$c = 31.5\text{cm} < \frac{\varepsilon_{cu} d}{\varepsilon_{cu} + \varepsilon_{yd}} = \frac{0.0035 \times 68}{0.0035 + 0.00173} = 45.6\text{cm}$$

であるから，引張鉄筋は降伏している。

さらに，圧縮鉄筋の降伏の仮定が成立する条件は，

$$\varepsilon'_s = \frac{c-d'}{c}\varepsilon_{cu} \geq \varepsilon_{yd} = \frac{f'_{yd}}{E_s} \quad \text{すなわち} \quad c \geq \frac{\varepsilon_{cu} d'}{\varepsilon_{cu} - \varepsilon'_{yd}},$$

$$c = 31.5\text{cm} \geq \frac{\varepsilon_{cu} d'}{\varepsilon_{cu} - \varepsilon'_{yd}} = \frac{0.0035 \times 5}{0.0035 - 0.00173} = 9.89\text{cm}$$

であるから，圧縮鉄筋も降伏している。

したがって，引張鉄筋位置でのモーメントから曲げ耐力 M_u が得られる。

$$\begin{aligned} M_u &= (A_s f_{yd} - A'_s f'_{yd})(d - 0.4c) + A'_s f'_{yd}(d - d') \\ &= (9\,566 - 3\,826) \times 345(680 - 0.4 \times 315) + 3\,826 \times 345(680 - 50) \\ &= 1\,929\text{kN} \cdot \text{m} \end{aligned}$$

解答-2

同じ問題を図A-6.2のような放物線応力分布を適用して解く。

コンクリートおよび鉄筋の設計強度は，

$$f'_{cd} = \frac{f'_{ck}}{\gamma_c} = \frac{24}{1.3} = 18.5\text{N/mm}^2, \quad f_{yd} = \frac{f_{yk}}{\gamma_s} = \frac{345}{1.0} = 345\text{N/mm}^2,$$

$$f'_{yd} = \frac{f'_{yk}}{\gamma_s} = \frac{345}{1.0} = 345\text{N/mm}^2$$

図A-6.2(c)の C_c は，$C_c = 0.688 f'_{cd} bc$ であり引張鉄筋および圧縮鉄筋がと

(a) 断面　　(b) ひずみ分布　　(c) 応力分布

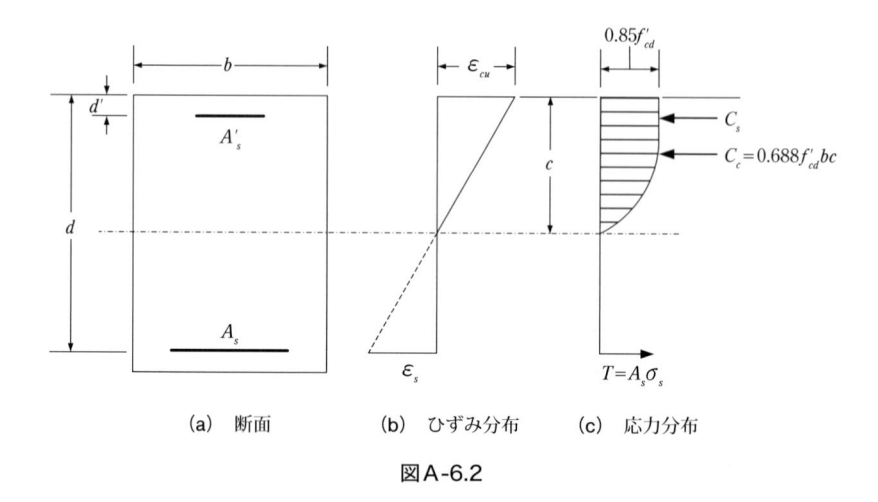

図A-6.2

もに降伏していると仮定して，水平方向の力の釣合いを考えると，中立軸の位置 c は

$$c = \frac{A_s f_{yd} - A'_s f'_{yd}}{0.688 f'_{cd} b} = \frac{9\,566 \times 345 - 3\,826 \times 345}{0.688 \times 18.5 \times 500} = 311\,\text{mm} = 31.1\,\text{cm}$$

上縁のコンクリートが圧壊時に引張鉄筋が降伏している条件は，

$$c = 31.1\,\text{cm} < \frac{\varepsilon_{cu} d}{\varepsilon_{cu} + \varepsilon_{yd}} = \frac{0.0035 \times 68}{0.0035 + 0.00173} = 45.6\,\text{cm}$$

圧縮鉄筋の降伏が成立する条件は，

$$c = 31.1\,\text{cm} \geq \frac{\varepsilon_{cu} d'}{\varepsilon_{cu} - \varepsilon'_{yd}} = \frac{0.0035 \times 5}{0.0035 - 0.00173} = 9.89\,\text{cm}$$

したがって引張鉄筋位置でのモーメントから曲げ耐力 M_u は，

$$\begin{aligned}
M_u &= \left(A_s f_{yd} - A'_s f'_{yd}\right)(d - 0.416c) + A'_s f'_{yd}(d - d') \\
&= (9\,566 - 3\,826) \times 345\,(680 - 0.416 \times 311) + 3\,826 \times 345\,(680 - 50) \\
&= 1\,922\,\text{kN} \cdot \text{m}
\end{aligned}$$

基本問題 15

帯鉄筋柱の設計

有効長さ h_e=3.5 m の柱に設計中心軸圧縮荷重 N'_{od}=2 500 kN が作用する。正方形断面の帯鉄筋柱を設計せよ。ただし，コンクリート設計基準強度は f'_{ck}=20 N/mm^2，軸方向鉄筋として SD295 を使用し，構造物係数 γ_i=1.05，コンクリートの材料係数 γ_c=1.3，鉄筋の材料係数 γ_s=1.0，部材係数 γ_b=1.3，帯鉄筋は直径 ϕ=9 mm を，そして軸方向鉄筋に D25 を用いるものとする。

解答

軸方向圧縮力に対する断面の設計耐力式は次のとおりである。

$$N'_{oud} = \frac{0.85 f'_{cd} A_c + f'_{yd} A_{st}}{\gamma_b} \tag{1}$$

ここで，$f'_{cd} = \dfrac{f'_{ck}}{\gamma_c} = \dfrac{20}{1.3} = 15.4 \text{N/mm}^2$，$f'_{yd} = \dfrac{f'_{yk}}{\gamma_s} = \dfrac{295}{1.0} = 295 \text{N/mm}^2$

A_c および A_{st} には，次のような条件を満足しなければならない。

$$0.008 \leq \frac{A_{st}}{A_c} \leq 0.06 \tag{2}$$

式(2)より A_{st}=0.02A_c と仮定する。

また，$N'_{oud} = \gamma_i N'_{od} = 1.05 \times 2\,500 = 2\,625$ kN であるから，これを式(1)に代入すると，

$$2\,625\,000 = \frac{0.85 \times 15.4 \times A_c + 295 \times 0.02 A_c}{1.3}$$

これを解くと A_c=179 700 mm^2 である。いま，一辺 b の正方形を考慮し，b=440 mm を採用すると，A_c=193 600 mm^2 となる。

ここでは，軸方向鉄筋は D25 を 8 本用いる。このとき，A_{st}=8D25=8×506.7

$=4\,054$ mm² である。

　鉄筋比に関し，$p=\dfrac{A_{st}}{A_c}=\dfrac{4\,054}{193\,600}=0.0209$ であるから $p=2.09\%$ は式(2)を満足している。

　以上より，$b=440$ mm，$A_c=193\,600$ mm²，そして $A_s=4\,054$ mm² となる。

　次に帯鉄筋のピッチ s に関し，

$s\leqq b=440$ mm，$s\leqq 12\text{D}25=300$ mm，および $s\leqq 48\times\phi=432$ mm

の条件を満足するものとして，ピッチは $s=250$ mm とする。

　以上を式(1)に代入し N'_{oud} の検算を行うと，

$$N'_{oud}=\dfrac{0.85\times 15.4\times 440^2+295\times 4\,054}{1.3}=2\,869 \text{ kN} \text{ となる。}$$

　また，設計中心軸圧縮荷重 N'_{od} と設計断面耐力 N'_{oud} の比を求めると，$\dfrac{N'_{oud}}{N'_{od}}=\dfrac{2\,869}{2\,500}=1.14\geqq\gamma_i=1.05$ となる。よって安全性が確認される。

　また，細長比を求める。断面 2 次半径を r とすると，$r=\sqrt{\dfrac{I}{A_c}}$ で与えられる。断面 2 次半径は $r=\sqrt{\dfrac{b^4/12}{b^2}}=\dfrac{b}{\sqrt{12}}=127$ mm である。

　よって細長比は，$\dfrac{h_e}{r}=\dfrac{3\,500}{127}=27.6$ となる。ゆえに，$\dfrac{h_e}{r}=27.6<35$ となり短柱としての設計で十分である。

基本問題 16

らせん鉄筋柱の設計

設計中心軸圧縮荷重 $N'_{od}=2\,700\,\text{kN}$ を受ける有効長さ $h_e=3.0\,\text{m}$ のらせん鉄筋短柱を設計せよ。

ただし，コンクリートの設計基準強度は $f'_{ck}=20\,\text{N/mm}^2$，軸方向鉄筋およびらせん鉄筋として SD295 を用いる。また，らせん鉄筋には D13 を使用し，ピッチは 65 mm とする。さらに，材料係数 $\gamma_c=1.3$, $\gamma_s=1.0$, 構造物係数 $\gamma_i=1.05$, および部材係数 $\gamma_b=1.3$ とする。

解 答

コンクリートの設計圧縮強度 f'_{cd} は

$$f'_{cd} = \frac{f'_{ck}}{\gamma_c} = \frac{20}{1.3} = 15.4\,\text{N/mm}^2$$

軸方向鉄筋の設計圧縮降伏強度 f'_{yd} は

$$f'_{yd} = \frac{f_{yk}}{\gamma_s} = \frac{295}{1.0} = 295\,\text{N/mm}^2$$

らせん鉄筋の設計引張降伏強度 f_{pyd} は

$$f_{pyd} = \frac{f_{yk}}{\gamma_s} = \frac{295}{1.0} = 295\,\text{N/mm}^2$$

構造細目から軸方向鉄筋の断面積 A_{st} は，柱の有効断面積 A_e の 1% 以上という条件を考慮し有効断面の直径を d_{sp} とすると，

$$A_{st} \geq 0.01 A_c = 0.01 \times \frac{\pi d_{sp}^{\,2}}{4}$$

柱の設計断面耐力 N'_{oud} は

$$N'_{oud} = \gamma_i \times N'_{od} = 1.05 \times 2\,700 = 2\,835\,\text{kN}$$

この耐力 N'_{oud} は，次の式(1)により与えられる。

$$N'_{oud} = \frac{0.85 f'_{cd} A_e + f'_{yd} A_{st} + 2.5 f_{pyd} A_{spe}}{\gamma_b} \tag{1}$$

$$N'_{oud} = \frac{0.85 \times 15.4 \times \frac{\pi d_{sp}^2}{4} + 295 \times 0.01 \times \frac{\pi d_{sp}^2}{4} + 2.5 \times 295 \times \frac{127}{65} \times \pi d_{sp}}{1.3}$$

しがたって，$2\,835\,000 = (12.6 d_{sp}^2 + 4\,527 d_{sp})/1.3$ \qquad(2)

式(2)から $d_{sp} = 390$ mm である。

そこで，$d_{sp} = 400$ mm（>200 mm）を採用すると，有効断面積 A_e は，

$$A_e = \frac{\pi \times 400^2}{4} = 125\,664 \text{mm}^2$$

また，図 F-16.1 のように，かぶりを考慮した柱の直径を 480 mm とし，軸方向鉄筋として D19 を 6 本配置する。

軸方向鉄筋の断面積 A_{st} は，$A_{st} = 6\text{-D19} = 1\,719$ mm^2，

らせん鉄筋の換算断面積 A_{spe} は，

$$A_{spe} = \frac{\pi d_{sp} A_{sp}}{s} = \frac{\pi \times 400 \times 127}{65} = 2\,455 \text{mm}^2$$

である。

これより軸方向鉄筋に関し，$0.01 A_e = 1\,257$ mm^2 < $A_{st} = 1\,719$ mm^2 < $0.06 A_e = 7\,540$ mm^2，$A_{st} = 1\,719$ mm^2 > $A_{spe}/3 = 818$ mm^2

またピッチに関し，$s = 65$ mm < $d_{sp}/5 = 80$ mm

そしてらせん鉄筋に関し，$A_{spe} = 2\,455$ mm^2 < $0.03 A_e = 3\,770$ mm^2

となり，構造細目に関するすべての条件を満足する。

柱の設計断面耐力 N'_{oud} は，式(1)および式(3)から計算される。

$$N'_{oud} = \frac{0.85 f'_{cd} A_e + f'_{yd} A_{st} + 2.5 f_{pyd} A_{spe}}{\gamma_b}$$

$$N'_{oud} = \frac{12.6 d_{sp}^2 + 4\,527 d_{sp}}{1.3} = \frac{12.6 \times 400^2 \times 4\,527 \times 400}{1.3} = 2\,944 \text{kN}$$

同様に，次の式(3)から，

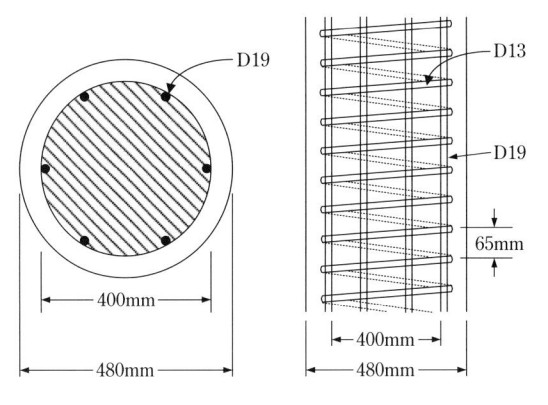

図 F-16.1

$$N'_{oud} = (0.85 f'_{cd} A_c + f'_{yd} A_{st})/\gamma_b \tag{3}$$

$$N'_{oud} = (0.85 \times 15.4 \times \pi \times 480^2/4 + 295 \times 0.01 \times \pi \times 480^2/4)/1.3 = 2\,233\,\text{kN}$$

ここで，算定した N'_{oud} のうち大きい方を採用する。

よって，$\gamma_i = 1.05$ であるから

$$\frac{N'_{oud}}{N'_{od}} = \frac{2\,944}{2\,700} = 1.09 > 1.05$$

有効断面 2 次モーメント I_e は，$I_e = \dfrac{\pi d_{sp}^{\,4}}{64} = 1.26 \times 10^9 \,\text{mm}^4$ であるから

回転半径 r は，$r = \sqrt{\dfrac{I_e}{A_e}} = \sqrt{\dfrac{1.26 \times 10^9}{126 \times 10^3}} = 100\,\text{mm}$

よって細長比 λ は，$\lambda = \dfrac{h_e}{r} = \dfrac{3\,000}{100} = 30 < 35$

細長比 35 以下なので短柱の設計でよい。

基本問題 17

曲げ・軸力を受ける矩形断面

図F-17.1 に示す単鉄筋コンクリート矩形断面に軸圧縮力-120 kN，モーメント 70 kN·m が作用するときのコンクリート上縁の応力と鉄筋の応力を求めよ。$b=40$ cm，$d=55.2$ cm，$h=60$ cm，$A_s=11.46$ cm^2 とする。コンクリートの弾性係数は $E_c=2.5\times10^4$ N/mm^2，鉄筋の弾性係数は $E_s=2.0\times10^5$ N/mm^2，弾性係数比 $n=E_s/E_c=8$ とする。

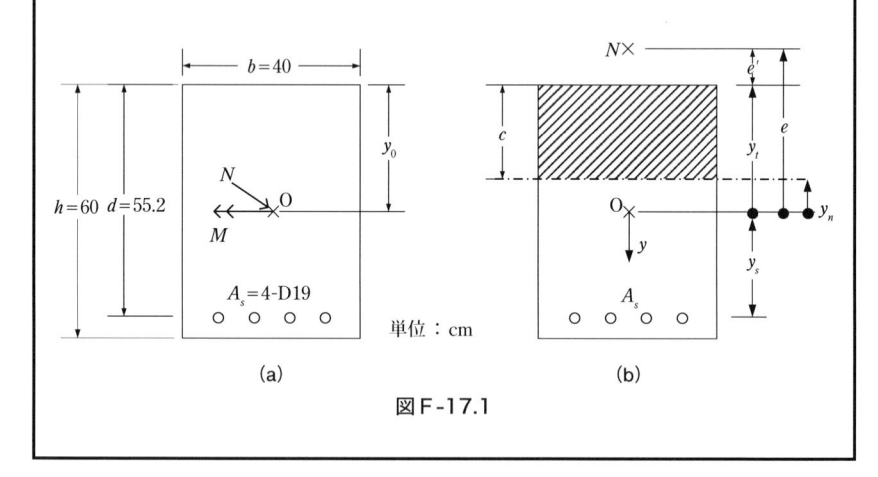

図F-17.1

解答

基準点 O を換算断面の図心にとる。その図心は断面上縁から y_0 の位置にあり，

$$y_0 = \frac{B}{A} = \frac{\dfrac{bh^2}{2}+nA_s d}{bh+nA_s} = \frac{\dfrac{40\times60^2}{2}+8\times11.46\times55.2}{40\times60+8\times11.46} = 30.93 \text{cm}$$

偏心距離 e は

$$e = \frac{M}{N} = \frac{70 \times 10^5 \text{N·cm}}{-120 \times 10^3 \text{N}} = -58.33 \text{cm}$$

距離 y は断面の鉛直下方向を正にとるので，図 F-17.1(b) における y_t および e は負となり，コンクリート断面上縁から偏心軸圧縮力の作用点までの距離 e' は

$$e' = y_t - e = -y_0 - e = -30.93 - (-58.33) = 27.40 \text{cm}$$

一般に，偏心軸力が，図心から e の位置に作用するとき，中立軸深さ c は，次式から求まる。

$$c^3 + 3e'c^2 + \frac{6n}{b}\left\{A_s(d+e') + A_s{}'(d'+e')\right\}c - \frac{6n}{b}\left\{A_s d(d+e') + A_s{}' d'(d'+e')\right\} = 0$$

ここで，c：中立軸深さ（中立軸から断面上縁までの距離）

e'：コンクリート断面上縁から偏心軸圧縮力の作用点までの距離

n：弾性係数比（コンクリートの弾性係数を基準とする）

b：断面の幅

A_s：引張鉄筋（$=A_{s1}$）

d：コンクリート断面上縁から引張鉄筋までの距離

$A_s{}'$：圧縮鉄筋（$=A_{s2}$）

d'：コンクリート断面上縁から圧縮鉄筋までの距離

単鉄筋矩形断面においては，$A_s'=0$ であるから，上式に数値を代入して整理すると，

$$c^3 + 82.2c^2 + 1136c - 62\,703 = 0$$

ニュートン・ラプソン法を用いて中立軸の位置 c を求める。

$f(c) = c^3 + 82.2c^2 + 1136c - 62\,703$ とおく。

上式を c で微分すると $f'(c) = 3c^2 + 164.4c + 1136$ である。

初期値を $c_0 = 20$ cm とし，反復計算を行うと

$$c_{i+1} = c_i - \frac{f_{(c_i)}}{f'_{(c_i)}}$$

表 F-17.1

i	c_i	$f(c_i)$	$f'(c_i)$	c_{i+1}
0	20.00	897.00	5 624	19.84
1	19.84	3.61	5 579	19.84
2	19.84	0.00	5 579	19.84

中立軸の位置 c は,

$c = 19.84$ cm

これより，図心から中立軸までの距離 y_n は

$y_n = c + y_t = 19.84 - 30.93 = -11.09$ cm

図心における軸ひずみ ε_0 は，一般に次式で与えられる．

$$\varepsilon_0 = \frac{Ny_n}{E_c b \left\{ \dfrac{c^2}{2} + \dfrac{nA_s'}{b}(c-d') - \dfrac{nA_s}{b}(d-c) \right\}}$$

ここで，$A_s' = 0$ と置くと

$$\varepsilon_0 = \frac{-120 \times 10^3 \times (-110.9)}{2.5 \times 10^4 \times 400 \left\{ \dfrac{198.4^2}{2} - \dfrac{8 \times 1\,146}{400}(552 - 198.4) \right\}} = 115 \times 10^{-6}$$

曲率 ϕ は

$$\phi = -\frac{\varepsilon_0}{y_n} = -\frac{115 \times 10^{-6}}{-110.9} = 1.04 \times 10^{-6} / \text{mm}$$

任意の距離 y におけるひずみ ε は

$$\varepsilon = \varepsilon_0 + \phi y = (115 + 1.04y) \times 10^{-6}$$

ここで，y：図心からの距離

コンクリート上縁の応力 σ_c は，

$$\sigma_c = E_c(\varepsilon_0 + \phi y) = 2.5 \times 10^4 \{115 + 1.04 \times (-309.3)\} \times 10^{-6} = -5.2 \text{N/mm}^2$$

鉄筋の応力

$$\sigma_s = E_s(\varepsilon_0 + \phi y_s) = 2.0 \times 10^5 (115 + 1.04 \times 242.7) \times 10^{-6} = 73.5 \text{N/mm}^2$$

よって，基準点Oに曲げモーメント M および軸力 N が作用しているときのひずみおよび応力分布図は，図F-17.2 となる。

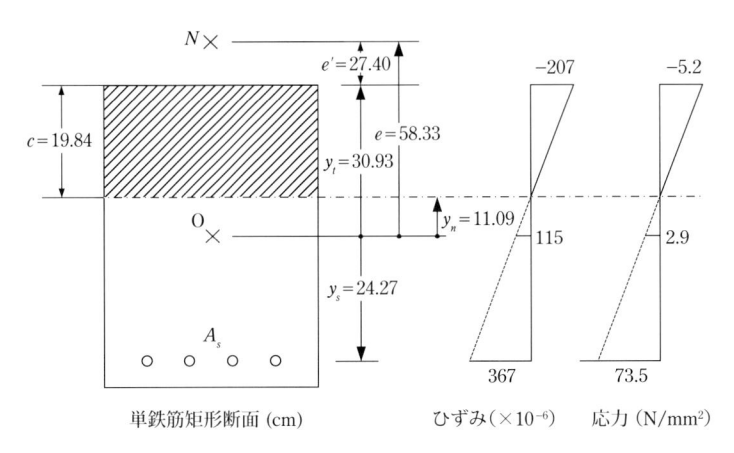

図F-17.2

応用問題 7

片持ちばり – 曲げ・軸力

　図A-7.1(a)に示すような長さ 6 m の片持ちばりがあり，その断面は図A-7.1(b)のような複鉄筋コンクリート矩形断面である．いま，自由端部に上向きの荷重 $P=100$ kN と軸圧縮力 $N=-1\,500$ kN が作用する．ただし，軸圧縮力 N は複鉄筋コンクリート矩形断面の図心に作用している．断面寸法は $b=500$ mm，$h=600$ mm，$d=550$ mm，$d'=50$ mm であり，また，圧縮鉄筋の断面積 A_s' および引張鉄筋の断面積 A_s はともに $3\,212$ mm^2（5-D29）である．コンクリート弾性係数は $E_c=2.5\times10^4$ N/mm^2，鉄筋の弾性係数は $E_s=2.0\times10^5$ N/mm^2 である．

　図A-7.1(b)に示すように断面の図心を基準点 O にとり，次の［Ⅰ］および［Ⅱ］の問いに答えよ．

［Ⅰ］　片持ちばりの断面力
　1. 軸力図および曲げモーメント図を描け．
　2. 図A-7.1(a)に示す片持ちばりの断面 A–A において，コンクリート断面下縁に生じる応力が 0（ゼロ）となるときの長さ l を求めよ．

［Ⅱ］　鉄筋コンクリートはり（コンクリート引張部無視）として，断面 B–B における応力を以下の 3.～8. に従い計算せよ．

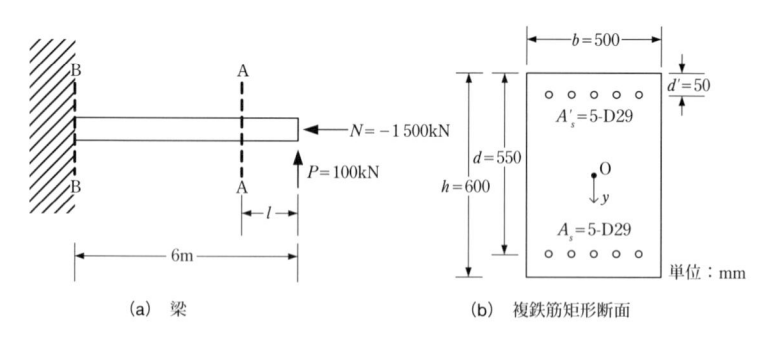

(a) 梁

(b) 複鉄筋矩形断面

図A-7.1

3. 偏心距離 e を求めよ。
4. 中立軸深さ c を求めよ。
5. 軸ひずみ ε_0 を求めよ。
6. 曲率 ϕ を求めよ。
7. ひずみ分布図を示せ。
8. 応力分布図を示せ。

解 答

[Ⅰ]

1. 軸力図および曲げモーメント図は，図A-7.2のとおり。

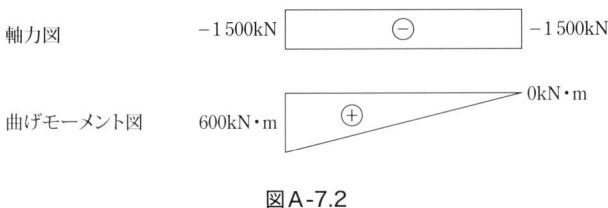

軸力図　　　−1 500kN　⊖　−1 500kN

曲げモーメント図　600kN・m　⊕　0kN・m

図A-7.2

2. 換算断面積は，$A_i = bh + nA_s' + nA_s = 351.4 \times 10^3 \text{ mm}^2$

基準点Oに関する換算断面積2次モーメント I_i は，

$$I_i = \frac{bh^3}{12} + nA_s'\left(\frac{h}{2} - d'\right)^2 + nA_s\left\{\frac{h}{2} - (h-d)\right\}^2 = 12.2 \times 10^9 \text{mm}^4$$

であるから，図A-7.1(b)のコンクリート断面下縁に生じる応力が0となる長さ l は，

$$\frac{N}{A_i} + \frac{pl}{I_i} \times \frac{h}{2} = \frac{-1\,500 \times 10^3}{351 \times 10^3} + \frac{100 \times 10^3 l}{12.2 \times 10^9} \times \frac{600}{2} = 0, \quad l = 1\,738\text{mm}$$

[Ⅱ]

3. 断面B−Bにおける曲げモーメント M は 600 kN·m，軸力 N は $-1\,500\text{ kN}$

であるから偏心距離 e は $e = \dfrac{M}{N} = \dfrac{600 \times 10^6}{-1\,500 \times 10^3} = -400\,\text{mm}$

　偏心軸力 N が基準点 O から上方 400 mm の位置に作用している。そのため，断面上縁に圧縮応力が作用し，断面下縁に引張応力が作用する。

4. 中立軸深さ c を求めるための一般式は次の 3 次方程式で与えられる。

$$c^3 + 3e'c^2 + \dfrac{6n}{b}\left\{A_s(d+e') + A_s'(d'+e')\right\}c - \dfrac{6n}{b}\left\{A_s d(d+e') + A_s' d'(d'+e')\right\} = 0$$

　ここで，$e' = -300 - (-400) = 100$ mm であり，$d = 550$ mm，$d' = 50$ mm そして $n = 8$ である。

　上式に諸数値を代入して整理すると，$c^3 + 300\,c^2 + 246\,682\,c - 112\,548\,480 = 0$
これより，中立軸深さ c は $c = 277$ mm である。

　図心から中立軸までの距離 $y_n = c - y_0 = 277 - 300 = -23$ mm

5. 軸ひずみ ε_0 は

$$\varepsilon_0 = \dfrac{Ny_n}{E_c b\left\{\dfrac{c^2}{2} + \dfrac{nA_s'}{b}(c-d') - \dfrac{nA_s}{b}(d-c)\right\}}$$

$$= \dfrac{-1\,500 \times 10^3 \times (-23)}{2.5 \times 10^4 \times 500\left\{\dfrac{277^2}{2} + \dfrac{8 \times 3\,212}{500}(277-50) - \dfrac{8 \times 3\,212}{500}(550-277)\right\}}$$

$$= 77 \times 10^{-6}$$

6. 曲率 ϕ は，$\phi = -\dfrac{\varepsilon_0}{y_n} = -\dfrac{77 \times 10^{-6}}{-23} = 3.35 \times 10^{-6}/\text{mm}$

7 および 8. コンクリート圧縮縁および鉄筋のひずみと応力は次のとおりである。

$\varepsilon_c = \varepsilon_0 + \phi y = 77 \times 10^{-6} + 3.35 \times 10^{-6} \times (-300) = -928 \times 10^{-6}$

$\sigma_c = E_c \varepsilon_c = 2.5 \times 10^4 \times (-928 \times 10^{-6}) = -23.2\,\text{N/mm}^2$

$\varepsilon_s' = \varepsilon_0 + \phi y_s' = 77 \times 10^{-6} + 3.35 \times 10^{-6} \times (-250) = -761 \times 10^{-6}$

$\sigma_s' = E_s \varepsilon_s' = 2.0 \times 10^5 \times (-761) \times 10^{-6} = -152\,\text{N/mm}^2$

$\varepsilon_s = \varepsilon_0 + \phi y_s = 77 \times 10^{-6} + 3.35 \times 10^{-6} \times 250 = 915 \times 10^{-6}$

$\sigma_s = E_s \varepsilon_s = 2.0 \times 10^5 \times 915 \times 10^{-6} = 183\,\text{N/mm}^2$

　曲げモーメント M および軸力 N が基準点 O から鉛直上方向に 400 mm だ

け偏心した位置に作用しているときのひずみおよび応力分布図は，図A-7.3のとおり。

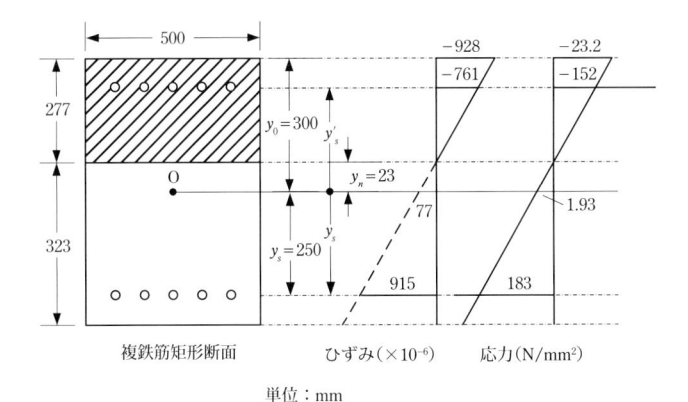

図A-7.3

Cameo 知っとくコーナー：4

　これまで応力計算の対象としてきた断面は，実構造物において多用されている矩形およびT形であり，また作用する荷重も軸に関し対称であるなど，条件が限定されていた。しかし，これらの対称断面に2軸曲げが作用する場合や，非対称断面に曲げが作用する場合には2軸曲げの問題となる。このコーナーではその全断面有効の弾性解析を以下に示す。

■2軸曲げ理論

　RC部材の断面図心に軸力および2軸曲げが作用するときの応力解析を示す。軸力N，曲げモーメントM_x，M_yが個別に作用するとき，および同時に作用するときの断面の変形は図-1および図-2のとおりである。

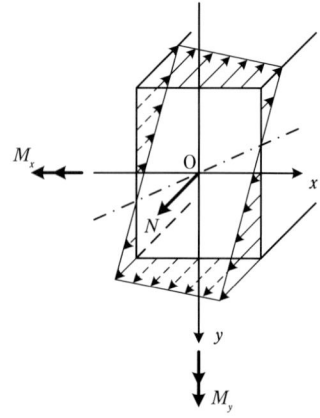

図-1　軸力N，曲げモーメントM_x，M_yが同時に作用するときの断面の変形

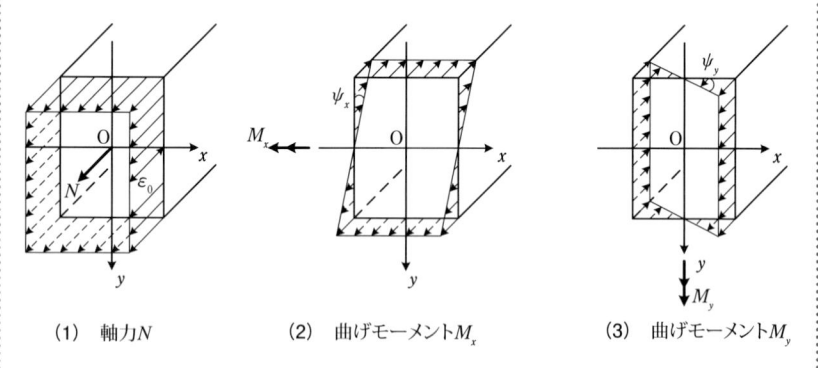

(1)　軸力N　　(2)　曲げモーメントM_x　　(3)　曲げモーメントM_y

図-2　軸力N，曲げモーメントM_x，M_yが個々に作用するときの断面の変形

平面保持を仮定すると，任意点(x, y)におけるひずみは

$$\varepsilon = \varepsilon_0 + \phi_x y + \phi_y x \tag{1}$$

コンクリートおよび鉄筋の応力は

コンクリート部　　$\sigma_c = E_c(\varepsilon_0 + \phi_x y + \phi_y x)$ （2）

鉄筋部　　　　　　$\sigma_{si} = E_s(\varepsilon_0 + \phi_x y_{si} + \phi_y x_{si})$ （3）

軸力 N と応力の関係は，式(4)のとおりである

$$N = \int \sigma_c dA_c + \sum_i \sigma_{si} A_{si} \tag{4}$$

式(2)，(3)を，式(4)に代入すると

$$\begin{aligned}
N &= \int E_c \left(\varepsilon_0 + \phi_x y + \phi_y x\right) dA_c + E_s \sum_i A_{si} \left(\varepsilon_0 + \phi_x y_{si} + \phi_y x_{si}\right) \\
&= E_c \varepsilon_0 \int dA_c + E_c \phi_x \int y dA_c + E_c \phi_y \int x dA_c \\
&\quad + E_s \varepsilon_0 \sum_i A_{si} + E_s \phi_x \sum_i A_{si} y_{si} + E_s \phi_y \sum_i A_{si} x_{si} \\
&= E_c \varepsilon_0 \left(A_c + n\sum_i A_{si}\right) + E_c \phi_x \left(B_{cx} + n\sum_i A_{si} y_{si}\right) + E_c \phi_y \left(B_{cy} + n\sum_i A_{si} x_{si}\right)
\end{aligned}$$

$$N = E_c \varepsilon_0 A + E_c \phi_x B_x + E_c \phi_y B_y \tag{5}$$

x 軸に関する曲げモーメント M_x と応力との関係は式(6)であり

$$M_x = \int \sigma_c y dA_c + \sum_i \sigma_{si} A_{si} y_{si} \tag{6}$$

式(2)，(3)を，式(6)に代入すると

$$\begin{aligned}
M_x &= \int E_c \left(\varepsilon_0 + \phi_x y + \phi_y x\right) y dA_c + E_s \sum_i A_{si} y_{si} \left(\varepsilon_0 + \phi_x y_{si} + \phi_y x_{si}\right) \\
&= E_c \varepsilon_0 \int y dA_c + E_c \phi_x \int y^2 dA_c + E_c \phi_y \int xy dA_c \\
&\quad + E_s \varepsilon_0 \sum_i A_{si} y_{si} + E_s \phi_x \sum_i A_{si} y_{si}^2 + E_s \phi_y \sum_i A_{si} x_{si} y_{si} \\
M_x &= E_c \varepsilon_0 \left(B_{cx} + n\sum_i A_{si} y_{si}\right) + E_c \phi_x \left(I_{cx} + n\sum_i A_{si} y_{si}^2\right)
\end{aligned}$$

$$+ E_c \phi_y \left(I_{cxy} + n \sum_i A_{si} x_{si} y_{si} \right)$$
$$M_x = E_c \varepsilon_0 B_x + E_c \phi_x I_x + E_c \phi_y I_{xy} \tag{7}$$

y 軸に関する曲げモーメント M_y と応力との関係は式(8)であり

$$M_y = \int \sigma_c x dA_c + \sum_i \sigma_{si} A_{si} x_{si} \tag{8}$$

式(2), (3)を式(8)に代入すると

$$M_y = \int E_c (\varepsilon_0 + \phi_x y + \phi_y x) x dA_c + E_s \sum_i A_{si} x_{si} (\varepsilon_0 + \phi_x y_{si} + \phi_y x_{si})$$
$$= E_c \varepsilon_0 \int x dA_c + E_c \phi_x \int xy dA_c + E_c \phi_y \int x^2 dA_c + E_s \varepsilon_0 \sum_i A_{si} x_{si}$$
$$+ E_s \phi_x \sum_i A_{si} x_{si} y_{si} + E_s \phi_y \sum_i A_{si} x_{si}^2$$
$$= E_c \varepsilon_0 \left(B_{cy} + n \sum_i A_{si} x_{si} \right) + E_c \phi_x \left(I_{cxy} + n \sum_i A_{si} x_{si} y_{si} \right)$$
$$+ E_c \phi_y \left(I_{cy} + n \sum_i A_{si} x_{si}^2 \right)$$

$$M_y = E_c \varepsilon_0 B_y + E_c \phi_x I_{xy} + E_c \phi_y I_y \tag{9}$$

ここで，換算断面諸量は，式(10)となる。

$$\left. \begin{array}{l} A = \int_{A_c} dA_c + n \sum_i A_{si} \\ B_x = \int_{A_c} y dA_c + n \sum A_{si} y_{si} \\ B_y = \int_{A_c} x dA_c + n \sum A_{si} x_{si} \\ I_x = \int_{A_c} y^2 dA_c + n \sum A_{si} y_{si}^2 \\ I_y = \int_{A_c} x^2 dA_c + n \sum A_{si} x_{si}^2 \\ I_{xy} = \int_{A_c} xy dA_c + n \sum A_{si} x_{si} y_{si} \end{array} \right\} \tag{10}$$

式(5), (7), (9)より，断面力に対するひずみおよび曲率の関係は式(11)となる。

マトリックス表示すると

$$\begin{Bmatrix} N \\ M_x \\ M_y \end{Bmatrix} = E_c \begin{bmatrix} A & B_x & B_y \\ B_x & I_x & I_{xy} \\ B_y & I_{xy} & I_y \end{bmatrix} \begin{Bmatrix} \varepsilon_0 \\ \phi_x \\ \phi_y \end{Bmatrix} \tag{11}$$

両辺に逆マトリックスを乗ずると

$$\begin{Bmatrix} \varepsilon_0 \\ \phi_x \\ \phi_y \end{Bmatrix} = \frac{1}{E_c} \begin{bmatrix} A & B_x & B_y \\ B_x & I_x & I_{xy} \\ B_y & I_{xy} & I_y \end{bmatrix}^{-1} \begin{Bmatrix} N \\ M_x \\ M_y \end{Bmatrix} \tag{12}$$

中立軸位置ではひずみはゼロであるから

$$\varepsilon_0 + \phi_x y + \phi_y x = 0 \tag{13}$$

これを満足する(x, y)が中立軸位置である。

上式に$(x_0, 0)$, $(0, y_0)$を代入すると

$$x_0 = -\frac{\varepsilon_0}{\phi_y}, \quad y_0 = -\frac{\varepsilon_0}{\phi_x} \tag{14}$$

式(12)で得られたε_0, ϕ_x, ϕ_yを式(2),(3)に代入するとコンクリートおよび鉄筋の応力が求められる。

例題-1

図-1に示す断面に軸力$N=-900$ kN, 曲げモーメント$M_x=104$ kN・m, $M_y=-69.5$ kN・mが作用するとき, 全断面有効として, ひずみ分布および応力分布を求めよ。弾性係数比は$n=E_s/E_c=15$とする。

図-1

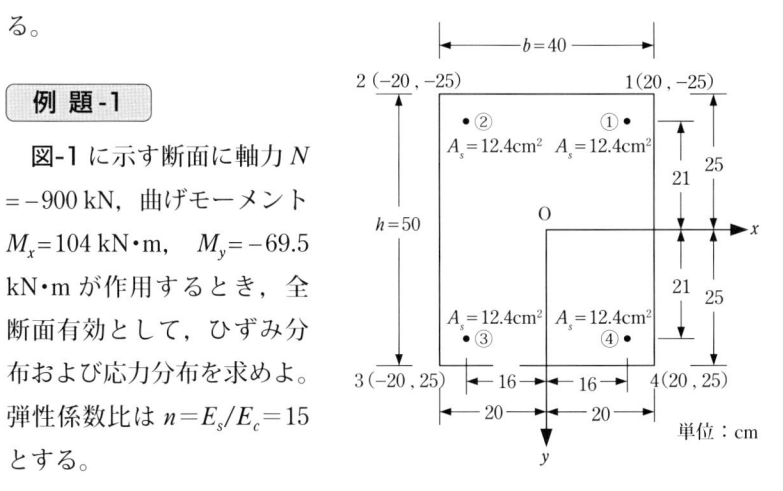

> **解 答**

断面諸量を求める。

$A = bh + n \times 4A_s = 40 \times 50 + 15 \times 4 \times 12.4 = 2\,744 \text{ cm}^2$

$B_x = 0 \text{ cm}^3, \quad B_y = 0 \text{ cm}^3$

$I_x = \dfrac{40 \times 50^3}{12} + 4 \times 15 \times 12.4 \times 21^2 = 744\,771 \text{cm}^4$

$I_y = \dfrac{50 \times 40^3}{12} + 4 \times 15 \times 12.4 \times 16^2 = 457\,131 \text{cm}^4$

$I_{xy} = 0 \text{cm}^4$

軸ひずみと曲率は

$$\begin{Bmatrix} N \\ M_x \\ M_y \end{Bmatrix} = E_c \begin{bmatrix} 2\,744 & 0 & 0 \\ 0 & 744\,771 & 0 \\ 0 & 0 & 457\,131 \end{bmatrix} \begin{Bmatrix} \varepsilon_0 \\ \phi_x \\ \phi_y \end{Bmatrix}$$

$\varepsilon_0 = \dfrac{N}{2\,744 E_c} = \dfrac{-900\,000}{2\,744 \times 10^2 E_c} = \dfrac{1}{E_c}(-3.280)$

$\phi_x = \dfrac{M_x}{744\,771 E_c} = \dfrac{104 \times 10^3 \times 10^3}{744\,771 \times 10^4 E_c} = \dfrac{1}{E_c} 0.0140 /\text{mm}$

$\phi_y = \dfrac{M_y}{457\,131 E_c} = \dfrac{-69.5 \times 10^3 \times 10^3}{457\,131 \times 10^4 E_c} = \dfrac{1}{E_c}(-0.0152)/\text{mm}$

ひずみは $\varepsilon = \varepsilon_0 + \phi_x y + \phi_y x = \dfrac{1}{E_c}(-3.280 + 0.0140 y - 0.0152 x)$

応力は $\sigma = -3.280 + 0.0140 y - 0.0152 x$

$\sigma = 0, \quad y = 0 \rightarrow 0 = -3.280 - 0.0152 x \rightarrow x_0 = -216 \text{ mm}$

$\sigma = 0, \quad x = 0 \rightarrow 0 = -3.280 - 0.0140 y \rightarrow y_0 = 234 \text{ mm}$

図-2

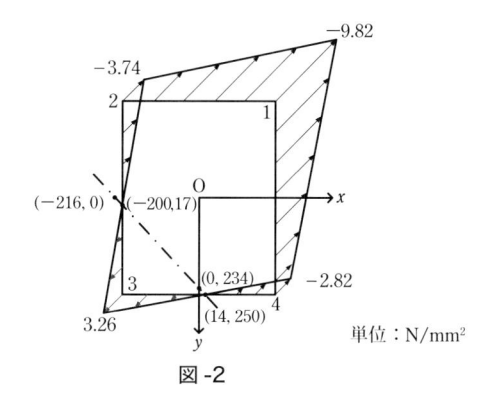

表-1 コンクリートの応力

点	x (mm)	y (mm)	$\sigma_0 = E_c\varepsilon_0 = -3.28$ (N/mm²)	$E_c\phi_x y = -0.014y$ (N/mm²)	$E_c\phi_y x = -0.0152x$ (N/mm²)	$\sigma = \sigma_0 + E_c\phi_x y + E_c\phi_y x$ (N/mm²)
1	200	−250	−3.28	−3.500	−3.0400	−9.82
2	−200	−250	−3.28	−3.500	3.0400	−3.74
3	−200	250	−3.28	3.500	3.0400	3.26
4	200	250	−3.28	3.500	−3.0400	−2.82

表-2 鉄筋の応力

点	x (mm)	y (mm)	$\sigma_0 = nE_c\varepsilon_0 = -49.2$ (N/mm²)	$nE_c\phi_x y = 0.210y$ (N/mm²)	$nE_c\phi_y x = -0.228x$ (N/mm²)	$\sigma = \sigma_0 + nE_c\phi_x y + nE_c\phi_y x$ (N/mm²)
①	160	−210	−49.2	−44.1	−36.5	−129.8
②	−160	−210	−49.2	−44.1	36.5	−56.8
③	−160	210	−49.2	44.1	36.5	31.4
④	160	210	−49.2	44.1	−36.5	−41.6

例題-2

図-3に示す断面に曲げモーメント M_x が作用するとき，全断面有効として，応力分布を求めよ。弾性係数は E_c とする。

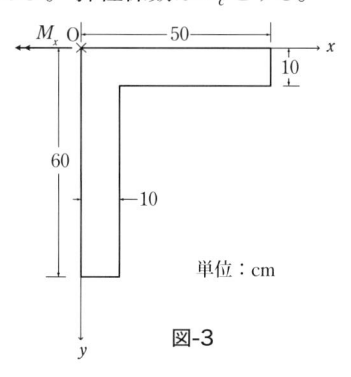

図-3

> **解 答**

基準点 O を図-3 のようにとる。基準点 O における断面積 A，断面一次モーメント B_x, B_y，断面 2 次モーメント I_x, I_y，断面相乗モーメント I_{xy} を求める。数値計算は mm 単位で行う。

$$A = 500 \times 600 - 400 \times 500 = 100\,000 \text{ mm}^2$$

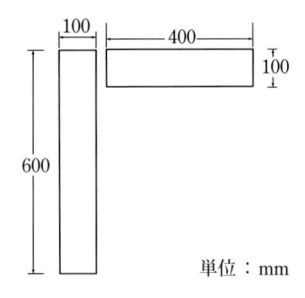

図-4　B_x, I_x

$$B_x = 400 \times 100 \times 50 + 100 \times 600 \times 300 = 20\,000\,000 \text{ mm}^3$$

$$I_x = \frac{400 \times 100^3}{3} + \frac{100 \times 600^3}{3} = 7.33 \times 10^9 \text{ mm}^4$$

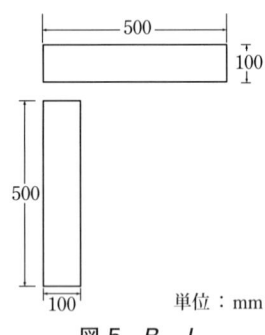

図-5　B_y, I_y

$$B_y = 100 \times 500 \times 250 + 500 \times 100 \times 50 = 15\,000\,000\,\mathrm{mm}^3$$

$$I_y = \frac{100 \times 500^3}{3} + \frac{500 \times 100^3}{3} = 4.33 \times 10^9\,\mathrm{mm}^4$$

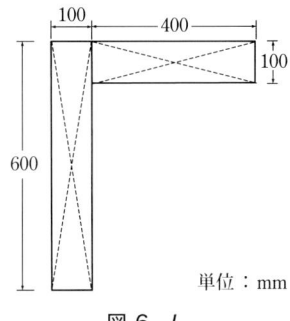

図-6 I_{xy}

$$I_{xy} = 400 \times 100 \times 300 \times 50 + 100 \times 600 \times 50 \times 300 = 1.50 \times 10^9\,\mathrm{mm}^4$$

軸ひずみ ε_0 および曲率 ϕ_x, ϕ_y を求める。弾性係数を E_c とし，

$$\begin{Bmatrix} N \\ M_x \\ M_y \end{Bmatrix} = E_c \begin{bmatrix} A & B_x & B_y \\ B_x & I_x & I_{xy} \\ B_y & I_{xy} & I_y \end{bmatrix} \begin{Bmatrix} \varepsilon_0 \\ \phi_x \\ \phi_y \end{Bmatrix}$$

より

$$\begin{Bmatrix} \varepsilon_0 \\ \phi_x \\ \phi_y \end{Bmatrix} = \frac{1}{E_c} \begin{bmatrix} A & B_x & B_y \\ B_x & I_x & I_{xy} \\ B_y & I_{xy} & I_y \end{bmatrix}^{-1} \begin{Bmatrix} N \\ M_x \\ M_y \end{Bmatrix}$$

$$\begin{bmatrix} A & B_x & B_y \\ B_x & I_x & I_{xy} \\ B_y & I_{xy} & I_y \end{bmatrix} = \begin{bmatrix} 1.0 \times 10^5 & 2.0 \times 10^7 & 1.5 \times 10^7 \\ 2.0 \times 10^7 & 7.33 \times 10^9 & 1.50 \times 10^9 \\ 1.5 \times 10^7 & 1.50 \times 10^9 & 4.33 \times 10^9 \end{bmatrix}$$

$$\begin{bmatrix} A & B_x & B_y \\ B_x & I_x & I_{xy} \\ B_y & I_{xy} & I_y \end{bmatrix}^{-1} = \begin{bmatrix} 6.31 \times 10^{-5} & -1.37 \times 10^{-7} & -1.71 \times 10^{-7} \\ -1.37 \times 10^{-7} & 4.45 \times 10^{-10} & 3.21 \times 10^{-10} \\ -1.71 \times 10^{-7} & 3.21 \times 10^{-10} & 7.12 \times 10^{-10} \end{bmatrix}$$

ここで，$N=0$，$M_y=0$ だから

$$\begin{Bmatrix} \varepsilon_0 \\ \phi_x \\ \phi_y \end{Bmatrix} = \frac{1}{E_c} \begin{bmatrix} 6.31 \times 10^{-5} & -1.37 \times 10^{-7} & -1.71 \times 10^{-7} \\ -1.37 \times 10^{-7} & 4.45 \times 10^{-10} & 3.21 \times 10^{-10} \\ -1.71 \times 10^{-7} & 3.21 \times 10^{-10} & 7.12 \times 10^{-10} \end{bmatrix} \begin{Bmatrix} 0 \\ M_x \\ 0 \end{Bmatrix}$$

$$\varepsilon_0 = \frac{-1.37 \times 10^{-7} M_x}{E_c}$$

$$\phi_x = \frac{4.45 \times 10^{-10} M_x}{E_c}$$

$$\phi_y = \frac{3.21 \times 10^{-10} M_x}{E_c}$$

任意点 (x, y) におけるひずみは，

$$\varepsilon = \varepsilon_0 + \phi_x y + \phi_y x \text{ より，}$$

$$\varepsilon = \frac{1}{E_c} \left(-1.37 \times 10^{-7} + 4.45 \times 10^{-10} y + 3.21 \times 10^{-10} x \right) M_x$$

任意点 (x, y) における応力は，

$$\sigma = E_c \varepsilon$$
$$= (-1.37 \times 10^{-7} + 4.45 \times 10^{-10} y + 3.21 \times 10^{-10} x) M_x$$

```
A (0, 0)                              F (500, 0)
        ┐                            ┌
         │     D (100, 100)  E (500, 100)
         │    ┌─────────────────────┘
         │    │
         │    │
         │    │
        B (0, 600)  C (100, 600)
```

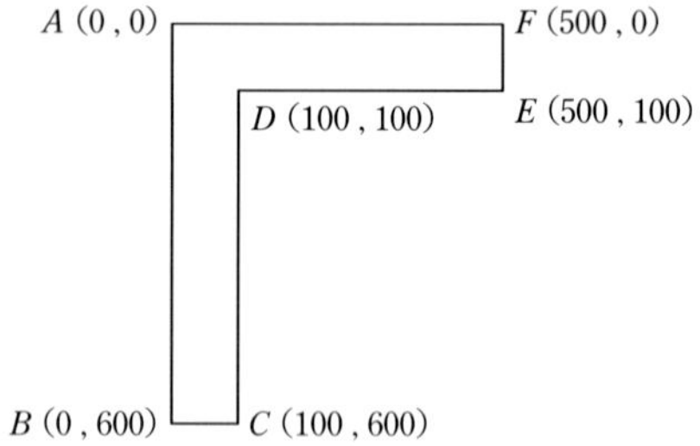

図-7

点 A～F の各点の応力は，

Cameo 知っとくコーナー：4

表-1 各点の応力

	x(mm)	y(mm)	$\varepsilon_0 \times 10^{-7}$	$\phi_x \times y \times 10^{-10}$	$\phi_y \times x \times 10^{-10}$	$\sigma\,[\times 10^{-7} M_x\,(\text{N/mm}^2)]$
A	0	0	-1.37	0	0	-1.37
B	0	600	-1.37	2 670	0	1.30
C	100	600	-1.37	2 670	321	1.62
D	100	100	-1.37	445	321	-0.60
E	500	100	-1.37	445	1 605	0.68
F	500	0	-1.37	0	1 605	0.24

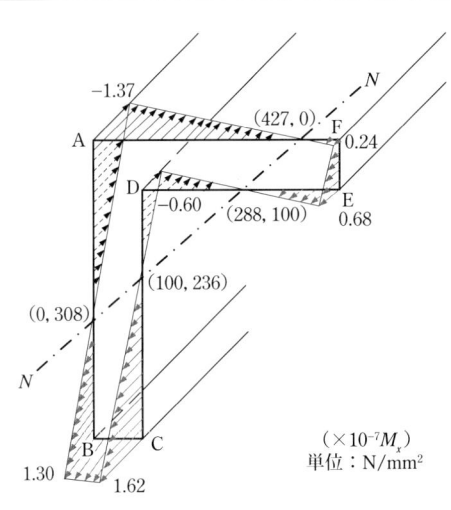

図-8 応力分布

中立軸の方程式を求める。

$$x_0 = \frac{-\varepsilon_0}{\phi_y} = \frac{-(-1.37\times 10^{-7})}{3.21\times 10^{-10}} = 4.27\times 10^2\,\text{mm}$$

$$y_0 = \frac{-\varepsilon_0}{\phi_x} = \frac{-(-1.37\times 10^{-7})}{4.45\times 10^{-10}} = 3.08\times 10^2\,\text{mm}$$

2点$(4.27\times 10^2,\ 0), (0,\ 3.08\times 10^2)$を通る直線は，

$$y = -0.721x + 3.08\times 10^2 \quad (x, y \text{の単位は mm})$$

基本問題 18

せん断補強

1. 有効高さ $d=68$ cm, 幅 $b=50$ cm, 主鉄筋断面積 $A_s=25.7$ cm^2 の長方形断面のせん断補強鉄筋をもたない鉄筋コンクリートはり(コンクリートの圧縮強度 $f'_c=24$ MPa, 鉄筋 SD295)のせん断抵抗力を求めよ。ただし, $a/d=5.6$ とする。
2. 次に D13 のスターラップ(SD295)を U 型に 250 mm ピッチで配筋した際のスターラップのせん断抵抗力を求めよ。
3. さらに, ウェブコンクリートの斜め圧縮破壊に対するせん断抵抗力を求めよ。

解答

1. せん断補強鉄筋を有しない鉄筋コンクリートはりのせん断抵抗力は次式により算出できる。

$$V_c = 0.20 f_c'^{1/3} (100 p_w)^{1/3} d^{-1/4} \left(0.75 + \frac{1.4}{a/d} \right) b_w d$$

ここで, $f'_c=24$ MPa

$p_w = A_s/(b_w d) = 25.7 \times 10^2 / (500 \times 680) = 0.00756$

$d = 0.68$ m

$V_c = 0.20 \times (24)^{1/3} \times (100 \times 0.00756)^{1/3} \times (0.68)^{-1/4} \times (0.75 + 1.4/5.6) \times 500 \times 680 = 1.96 \times 10^5$ N $= 196$ kN

2. スターラップによるせん断抵抗力はトラス理論から次式により算出できる。

$$V_s = A_w f_{wy} \sin \alpha \frac{z \cot \theta + z \cot \alpha}{s}$$

ここで, $\theta=45°$, $\alpha=90°$, $z \fallingdotseq d/1.15$ とすると上式は次式で表される。

$$= A_w f_{wy} \frac{z}{s}$$

A_w：スターラップ(D13)の断面積。U字型としていることから 2×(スターラップ1本当たりの断面積)

f_{wy}：スターラップの降伏強度

$$V_s = 2 \times 126.7 \times 295 \times 680/1.15/250 = 1.78 \times 10^5 \text{ N} = 178 \text{ kN}$$

3. ウェブコンクリートの斜め圧縮破壊に対する抵抗力は次式により算出できる。

$$V_{wc} = 1.25 \sqrt{f_c'} b_w j d$$

$$= 1.25 \times (24)^{1/2} \times 500 \times \frac{7}{8} \times 680 = 1\,822 \text{ kN}$$

応用問題 8

せん断補強

図A-8.1に示すT型はり（スパン15 m，有効高さ$d=117$ cm，ウェブ幅$b_w=40$ cm，支間中央の主鉄筋断面積$A_s=63.54$ cm^2，コンクリートの圧縮強度$f'_c=24$ MPa，鉄筋SD345）について以下の問いに答えよ。

1. せん断補強鉄筋を有しないコンクリートのせん断抵抗力を求めよ。ただし，$a/d=5.6$とする。
2. D13のスターラップ（SD345）をU型に250 mmピッチで配筋した際のスターラップのせん断抵抗力を求めよ。
3. 図に示す通り折曲鉄筋を配置した際の折曲鉄筋のせん断抵抗力を求めよ。

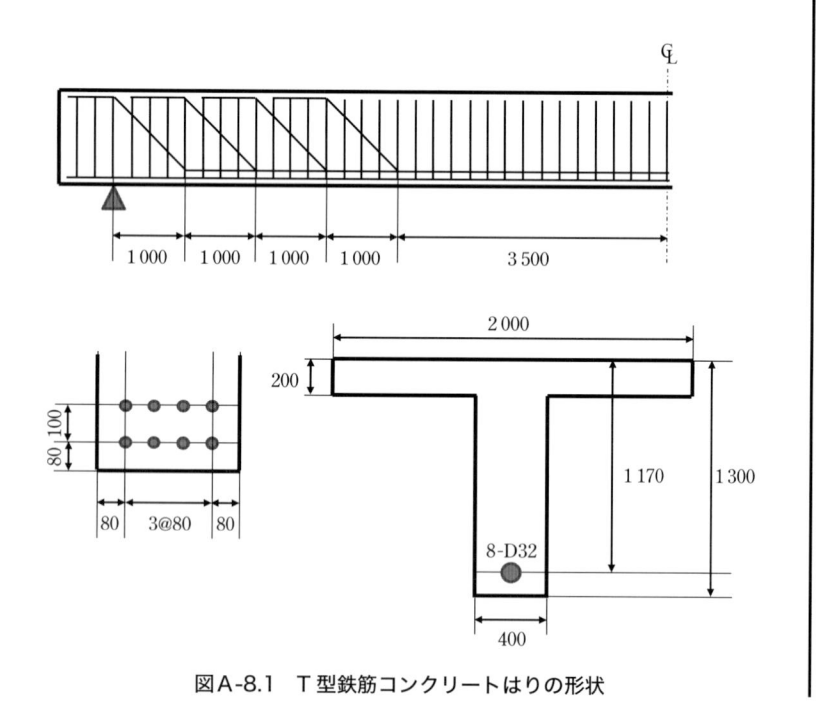

図A-8.1　T型鉄筋コンクリートはりの形状

4. このはりに w_d=50 kN/m の等分布荷重が作用したとき,せん断力に対する安全性を検討せよ。

5. モーメントシフトを考慮し,曲げに対する安全性を検討せよ。

ただし,コンクリートの材料係数 γ_c=1.3,コンクリートのせん断力に対する部材係数 γ_b=1.3,スターラップおよび折曲鉄筋のせん断力に対する部材係数 γ_b=1.15,構造物係数 γ_i=1.15 とする。また,検討断面は支点からの距離 x=0.65 m($h/2$),および折曲鉄筋の曲げ上げ位置 1 m,2 m,3 m,4 m,支間中央 7.5 m とする。

解 答

以下,検討断面 x=0.65 m を例に解説する。

1. せん断補強鉄筋を有しない鉄筋コンクリートはりのせん断抵抗力は次式により算出できる。

$$V_c = 0.20 f_{cd}'^{1/3}(100 p_w)^{1/3} d^{-1/4}\left(0.75 + \frac{1.4}{a/d}\right) b_w d / \gamma_b$$

ここで,$f_{cd}' = f_c'/\gamma_c = 24/1.3 = 18.5$ MPa

$p_w = A_s/(b_w d) = 63.54 \times 4/8 \times 10^2/(400 \times 1\,170) = 0.00679$(検討断面 x=0.65 m では 8 本ある主鉄筋のうち 4 本が折曲鉄筋として曲げ上げられているため)

$d = 1.17$ m

$V_c = 0.20 \times (18.5)^{1/3} \times (100 \times 0.00679)^{1/3} \times (1.17)^{-1/4} \times (0.75 + 1.4/5.6) \times 400 \times 1\,170/1.3$

  $= 1.61 \times 10^5$ N $= 161$ kN

2. スターラップによるせん断抵抗力はトラス理論から次式により算出できる。

$$V_{s1} = \left(A_w f_{wy} \sin\alpha \frac{z\cot\theta + z\cot\alpha}{s}\right)/\gamma_b$$

ここで,θ=45°,α=90°,$z \fallingdotseq d/1.15$ とすると上式は次式で表される。

$$= \left(A_w f_{wy} \frac{z}{s} \right) / \gamma_b$$

A_w：スターラップ（D13）の断面積。U字型としていることから2×(スターラップ1本当たりの断面積)

f_{wy}：スターラップの降伏強度

$V_{s1} = 2 \times 126.7 \times 345 \times 1\,170/1.15/250/1.15 = 3.09 \times 10^5$ N $= 309$ kN

3. 折曲鉄筋によるせん断抵抗力はトラス理論から次式により算出できる。

$$V_{s2} = \left(A_w f_{wy} \sin\alpha \frac{z\cot\theta + z\cot\alpha}{s} \right) / \gamma_b$$

ここで，$\theta = 45°$，$\alpha = 45°$，$z \fallingdotseq d/1.15$ とすると上式は次式で表される。

$$= \left(A_w f_{wy} \frac{\sqrt{2}z}{s} \right) / \gamma_b$$

A_w：折曲鉄筋（D32）の断面積

f_{wy}：折曲鉄筋の降伏強度

$V_{s2} = 794 \times 345 \times (2)^{1/2} \times 1\,170/1.15/1\,000/1.15 = 3.43 \times 10^5$ N $= 343$ kN

4. 検討断面 $x = 0.65$ m のせん断力は，

$V_d = w_d(L/2 - x) = 343$ kN

ここで，$\gamma_i V_d / V_c = 1.15 \times 343/161 = 2.45 > 1.0$

$\gamma_i V_d / (V_c + V_{s1}) = 1.15 \times 343/(161+309) = 0.84 < 1.0$

つまり，せん断補強鉄筋を有しない場合，安全性を確保できず，スターラップを配置することにより，安全性を確保できることがわかる。

さらに，折曲鉄筋を配置することにより，せん断抵抗力の合計は，

$V_{yd} = V_c + V_{s1} + V_{s2} = 161 + 309 + 343 = 813$ kN

となり，

$\gamma_i V_d / V_{yd} = 1.15 \times 343/813 = 0.49 < 1.0$

と十分な安全性を確保することができる。

5. モーメントシフトを考慮すると，検討断面 $x = 0.65$ m における曲げモーメントは $x + d = 0.65 + 1.17$ m $= 1.82$ m における値となり，$M_d = 600$ kN となる。抵抗モーメント M_{ud} は $z \fallingdotseq d/1.15$，部材係数 $\gamma_b = 1.15$ とすると，$M_{ud} = A_s \times f_{yd} \times$

$z/\gamma_b \fallingdotseq 3\,177 \times 345 \times 1\,170/1.15/1.15 = 970 \times 10^6 (\mathrm{Nmm}) = 970 (\mathrm{kNm})$

したがって，

$\gamma_i M_d/M_{ud} = 1.15 \times 600/970 = 0.71 < 1.0$

と安全性を確保することができる。

以上の手順に従い，他の検討断面についても検討を行うと，**表A-8.1** に示す結果となる。

以上より，すべての断面において，せん断力，曲げモーメントともに安全性を確保することができる。

表A-8.1　検討結果一覧表

検討断面 x(m)	0.65	1	2	3	4	7.5
A_s(mm^2)	3 177	3 177	3 971	4 766	5 560	6 354
p_w	0.00679	0.00679	0.00849	0.01018	0.01188	0.01358
V_c(kN)	161	161	173	184	194	218
V_{sd}(kN)（スターラップ）	309	309	309	309	309	―
V_{sd}(kN)（折曲鉄筋）	343	343	343	343	0	―
V_{yd}(kN)	813	813	826	836	503	―
V_d(kN)	343	325	275	225	175	―
$\gamma_i V_d$(kN)	394	374	316	259	201	―
安全性 $\gamma_i V_d/V_{yd}$	0.49	0.46	0.38	0.31	0.40	―
M_d	233	350	650	900	1 100	1 406
M_d（モーメントシフト考慮）	600	696	938	1 129	1 271	1 406
抵抗モーメント M_{ud}	970	970	1 212	1 455	1 697	1 939
安全性 $\gamma_i M_d/M_{ud}$	0.71	0.83	0.89	0.89	0.86	0.83

基本問題 19

ラーメン・ひび割れ

柱とはりからなる鉄筋コンクリートラーメン構造において，図F-19.1に示すひび割れを発生させる荷重として，適当なものはどれか。

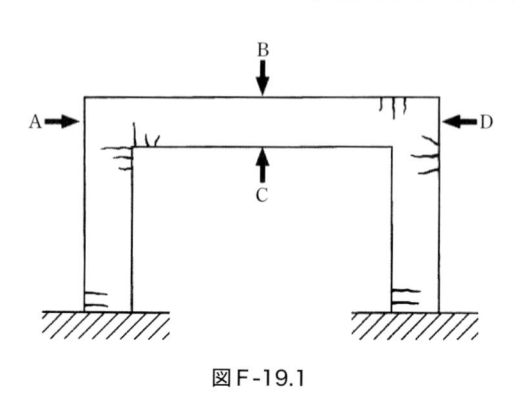

図F-19.1

解 答

図F-19.1のようなひび割れを発生させるためには，図F-19.2に示したひび割れと直交する方向に引張応力が発生していることになる。局部の変形（曲げ変形）を統合し，ラーメン構造全体の変形を推定すると図F-19.2の点線となる。このような変形を生じさせる力，「A」が正解である。

荷重を解析で求める場合は，まず断面力図を作成することになる。この場合には曲げモーメントになる。図F-19.3

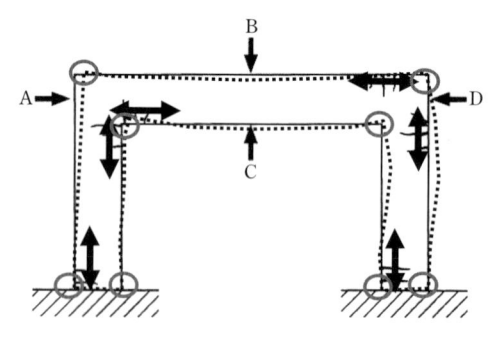

図F-19.2

に示すように曲げモーメント図を作成し，ひび割れは，曲げモーメントが軸線より外側にある箇所では部材の外側に，また，内側にある箇所では部材の内側に発生する。図F-19.3 から，正解は「A」となる。

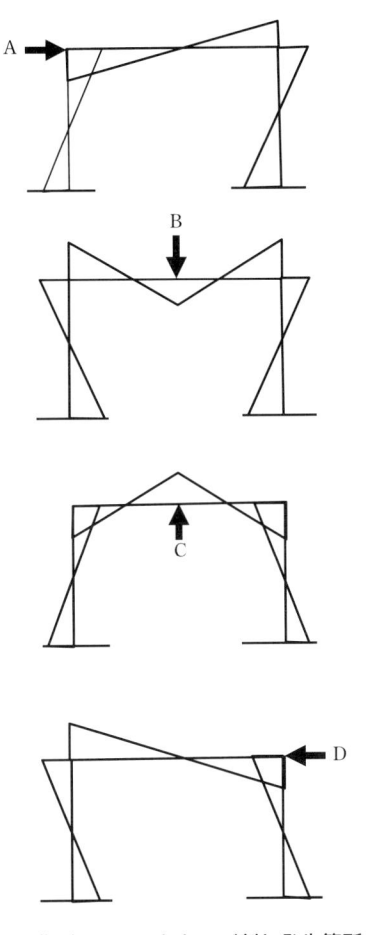

図F-19.3　曲げモーメントとひび割れ発生箇所との対比

基本問題 20

はり・ひび割れ

　図 F-20.1 のような荷重を受ける鉄筋コンクリートはりに生じるひび割れとして，不適当なものはどれか。

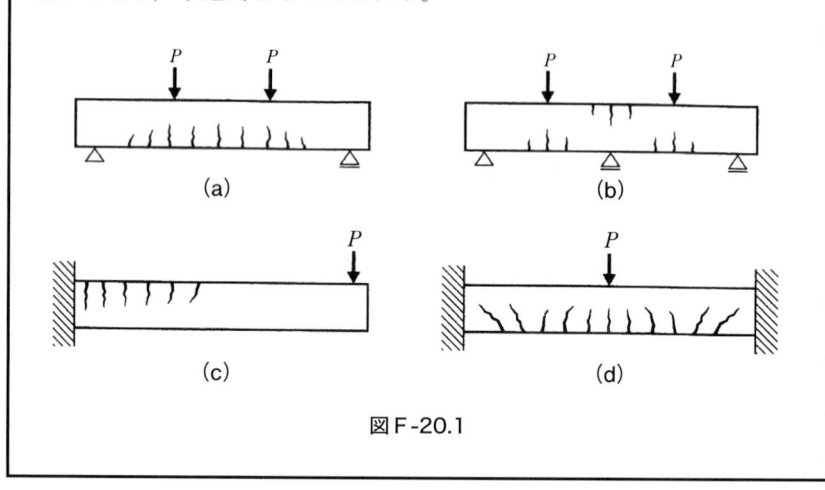

図 F-20.1

解 答

　(a)は図に示す載荷条件で，図 F-20.2 のような曲げ変形となる。はりの

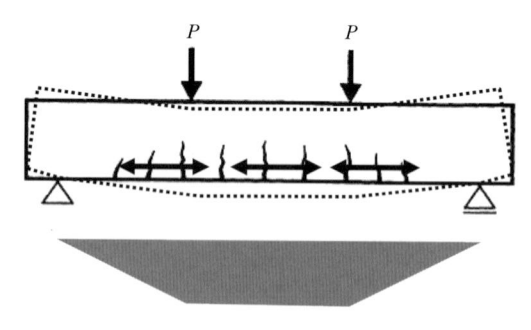

図 F-20.2

下縁は載荷前よりも長くなるように変形するため，はりの下縁には矢印の引張力が発生する。したがって，図のようなひび割れが発生する。

(b)は図に示す載荷条件で，図F-20.3のような曲げ変形となる。はりの下縁と中間支点上の上縁は載荷前よりも長くなるように変形するため，はりの下縁および中間支点上の上縁には矢印の引張力が発生する。したがって，図のようなひび割れが発生する。

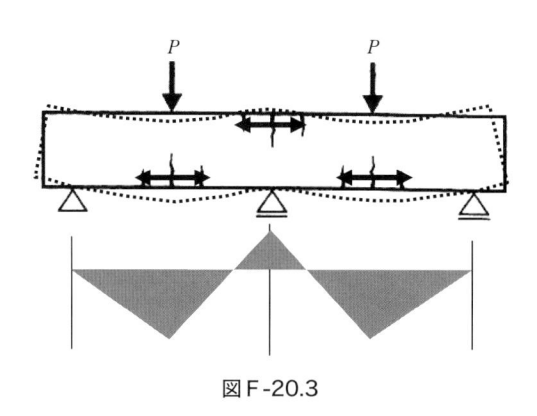

図F-20.3

(c)は図に示す載荷条件で，図F-20.4のような曲げ変形となる。はりの下縁は圧縮変形，上縁は引張変形となる。上縁は載荷前よりも長くなるように変形し，上縁には矢印の引張力が発生する。したがって，図のようなひび割れが発生する。

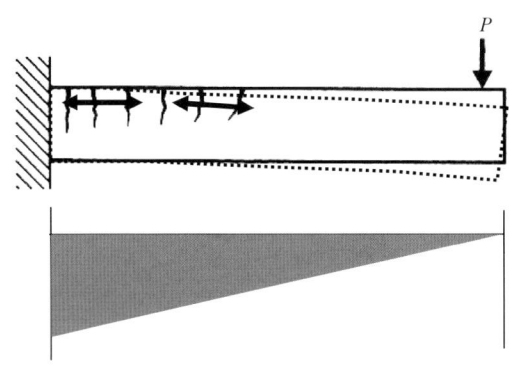

図F-20.4

II 問題

　(d)は図に示す載荷条件で，図F-20.5のような曲げ変形となる。はりの下縁は中央部が引張変形，上縁は固定端が引張変形となる。下縁は載荷前よりも長くなるように変形するが，上縁の固定端は，抜け出すような変形が拘束されるため，逆に引張力が発生する。結果として，図に示す矢印の引張力が発生する。したがって，図のようなひび割れが発生する。(d)は不正解。

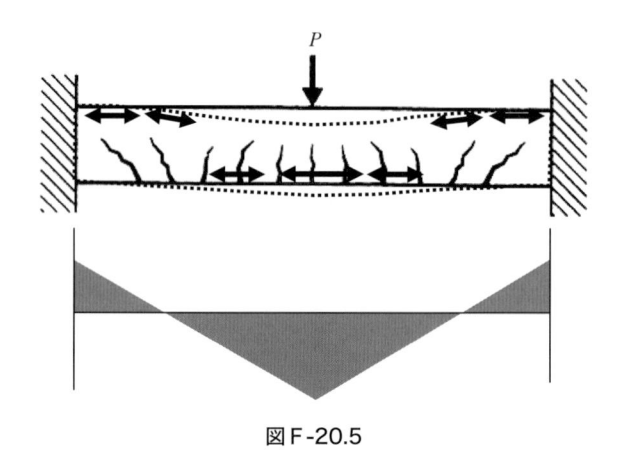

図F-20.5

基本問題 21

はり・ひび割れ

　鉄筋コンクリート構造物に荷重が作用した場合のひび割れを模式的に示した図F-21.1のうち適当なものはどれか。

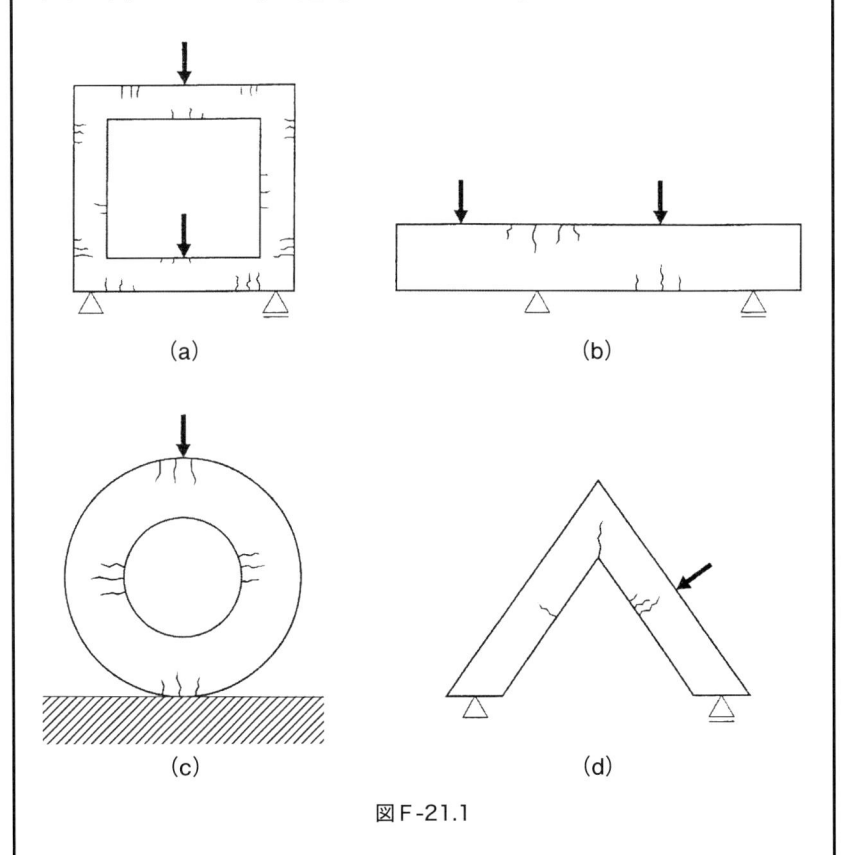

(a)

(b)

(c)

(d)

図F-21.1

Ⅱ 問題

解 答

(a)は図に示す載荷条件で，図F-21.2のような曲げ変形となる。はりの下縁は載荷前よりも長くなるように変形するため，はりの下縁には矢印の引張力が発生する。したがって，図のようなひび割れは発生しない。

(b)は図に示す載荷条件で，図F-21.3のような曲げ変形となる。はりスパン中央の下縁と支点の上縁は載荷前よりも長くなるように変形するため，矢印の引張力が発生する。したがって，図に示すひび割れが発生する。(b)は正解。

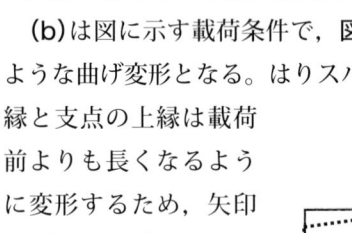

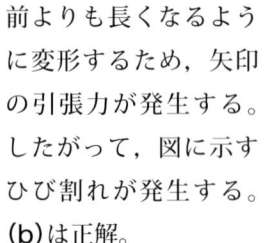

(c)は図に示す載荷条件で，図F-21.4のような曲げ変形となる。円環の内側と外側が載荷前よりも長くなるように変形するため，矢印の引張力が発生する。したがって，図のようなひび割れは発生しない。

(d)は図に示す載荷条件で，図F-21.5のような曲げ変形となる。門型ラーメン頂部の外側が載荷前よりも長くなるように変形するため，矢印の引張力が発生する。したがって，図のようなひび割れは発生しない。

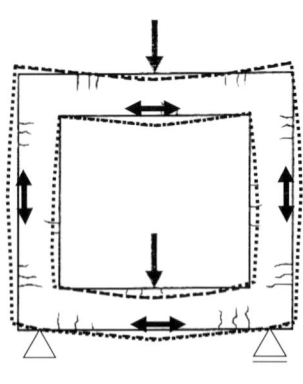

図F-21.2

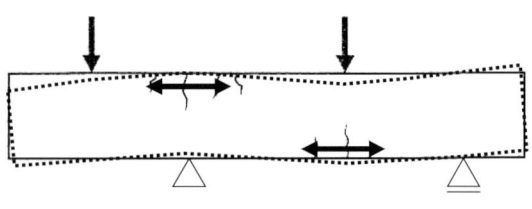

図F-21.3

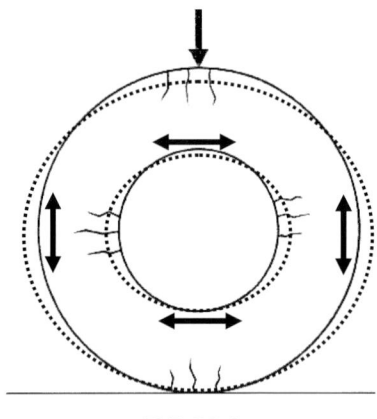

図F-21.4

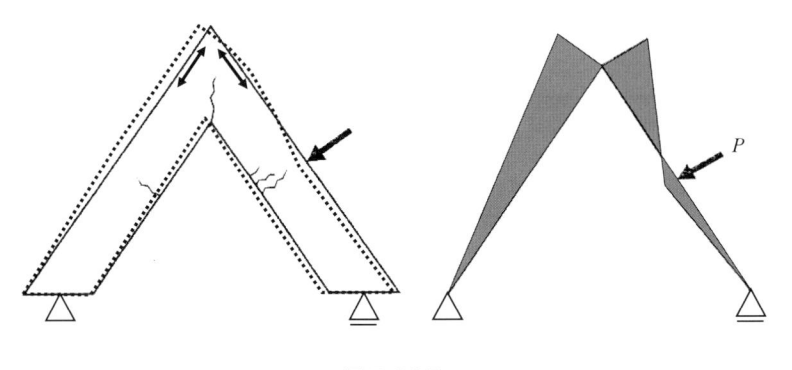

図 F-21.5

基本問題 22

はり・ひび割れ

　図 F-22.1 に示す鉄筋コンクリート部材に矢印のような荷重が作用した場合に発生するひび割れのうち，不適当なものはどれか。

(a) 柱頭部の片持ちばりに鉛直荷重が作用した場合

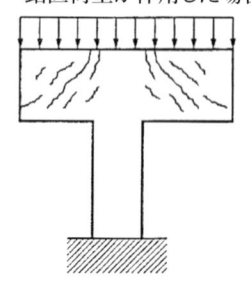

(b) 単純ばりに鉛直荷重が作用した場合

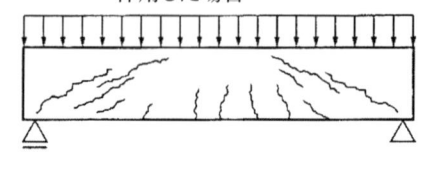

(c) 円筒管に鉛直荷重が作用した場合

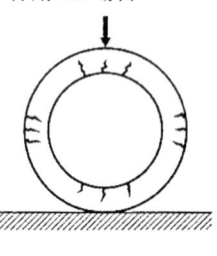

(d) 柱に垂直荷重が作用した場合

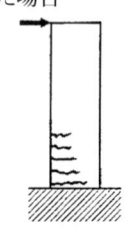

図 F-22.1

解 答

　(a)は図に示す載荷条件で，図 F-22.2 のようなせん断変形となる。対角線方向が載荷前よりも長くなるように変形するため，矢印の引張力が発生する。したがって，図のようなひび割れは発生しない。発生するひび割れは，

図F-22.2中の矢印となる。(a)は不正解。

(b)は図に示す載荷条件で，図F-22.3のような曲げ変形となる。はりの下縁が載荷前よりも長くなるように変形するため，矢印の引張力が発生する。したがって，図のようなひび割れが発生する。

(c)は図に示す載荷条件で，図F-22.4のような曲げ変形となる。円環の内側と外側が載荷前よりも長くなるように変形するため，矢印の引張力が発生する。したがって，図のようなひび割れが発生する。

(d)は図に示す載荷条件で，図F-22.5のような曲げ変形となる。柱脚部の載荷側が載荷前よりも長くなるように変形するため，矢印の引張力が発生する。したがって，図のようなひび割れが発生する。

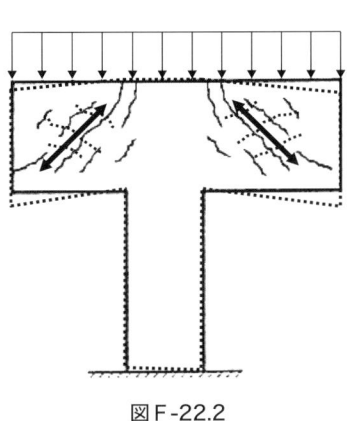

図F-22.2

図F-22.3

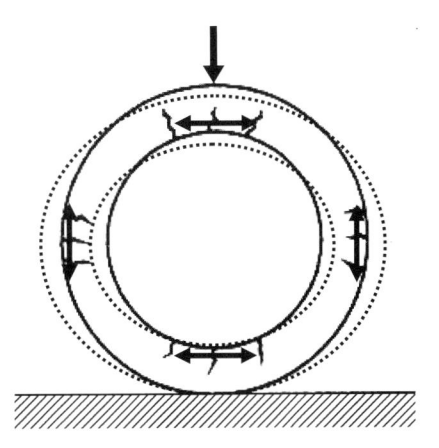

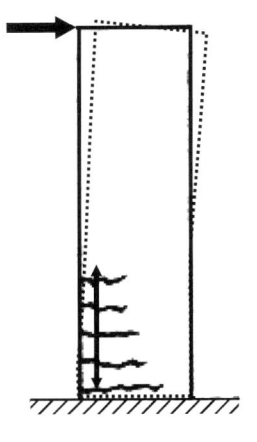

図F-22.4

図F-22.5

基本問題 23

クランク・ひび割れ

柱脚部が固定され，柱頭に片持ちばりを持つ鉄筋コンクリート構造物に，図F-23.1のような鉛直荷重Pが作用している。この構造物の曲げひび割れの発生状況を示した次の図F-23.1のうち，適当なものはどれか。

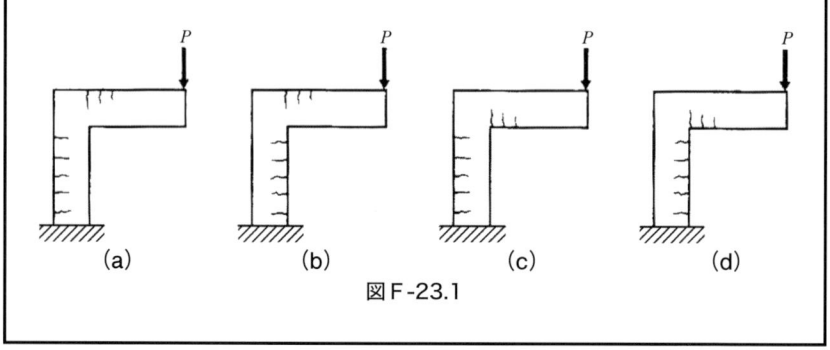

図F-23.1

解 答

図に示す載荷条件で，図F-23.2のような曲げ変形となる。柱の側面およびはりの上縁が載荷前よりも長くなるように変形するため，矢印の引張力が発生する。したがって，図のようなひび割れが発生する。正解は(a)。

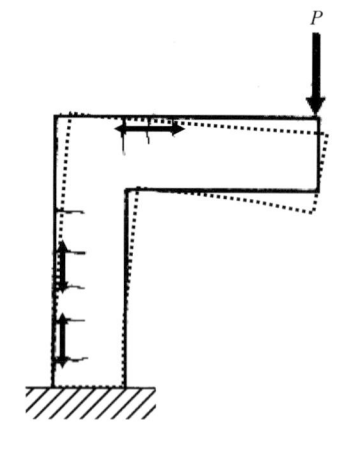

図F-23.2

基本問題 24

両端固定ばり・ひび割れ

両端固定の鉄筋コンクリートはりに2点集中荷重が作用下場合に発生するひび割れを表す次の図F-24.1のうち，適当なものはどれか。

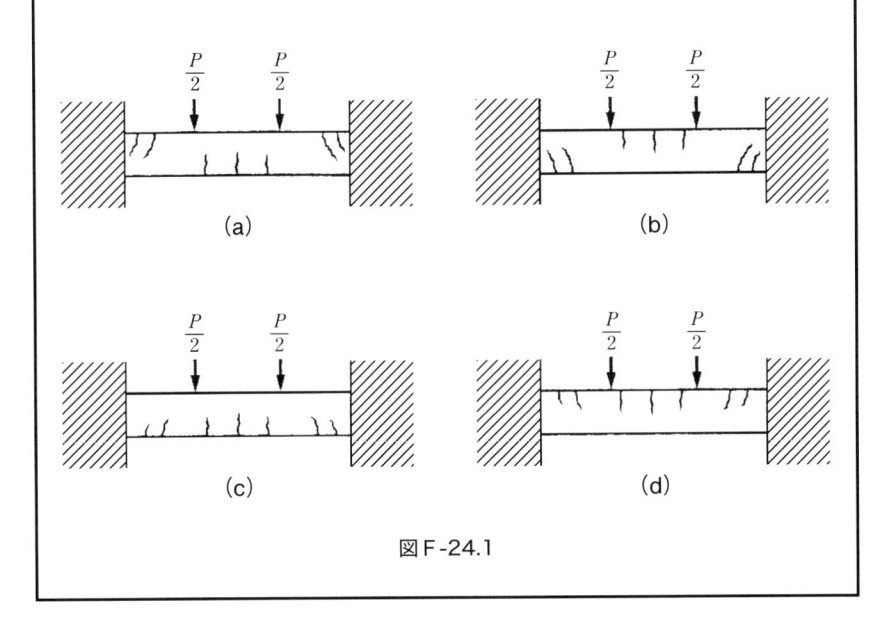

図F-24.1

解 答

図F-24.2に示す載荷条件で，図F-24.2のような曲げ変形となる。はりの下縁は中央部が引張変形，上縁は固定端が引張変形となる。下縁は載荷前よりも長くなるように変形するが，上縁の固定端は，抜け出すような変形が拘束されるため，逆に引張力が発生する。結果として，図に示す矢印の引張力が発生する。

したがって，図のようなひび割れが発生する。正解は(a)。

Ⅱ 問題

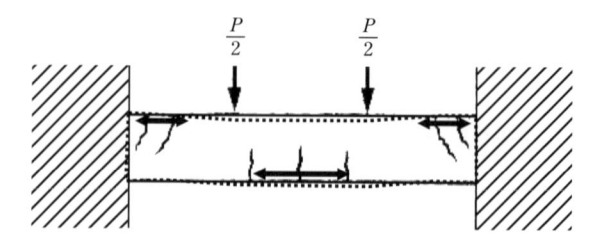

図 F-24.2

基本問題 25

はり柱・ひび割れ

　図F-25.1のような比較的高い鉄筋コンクリート柱の上部に水平力が作用したとき発生するひび割れを模式的に示した次の図のうち，適当なものはどれか。ただし，柱の上下のはりは剛で，柱と一体となっており，柱下部のはりは水平移動しないものとする。

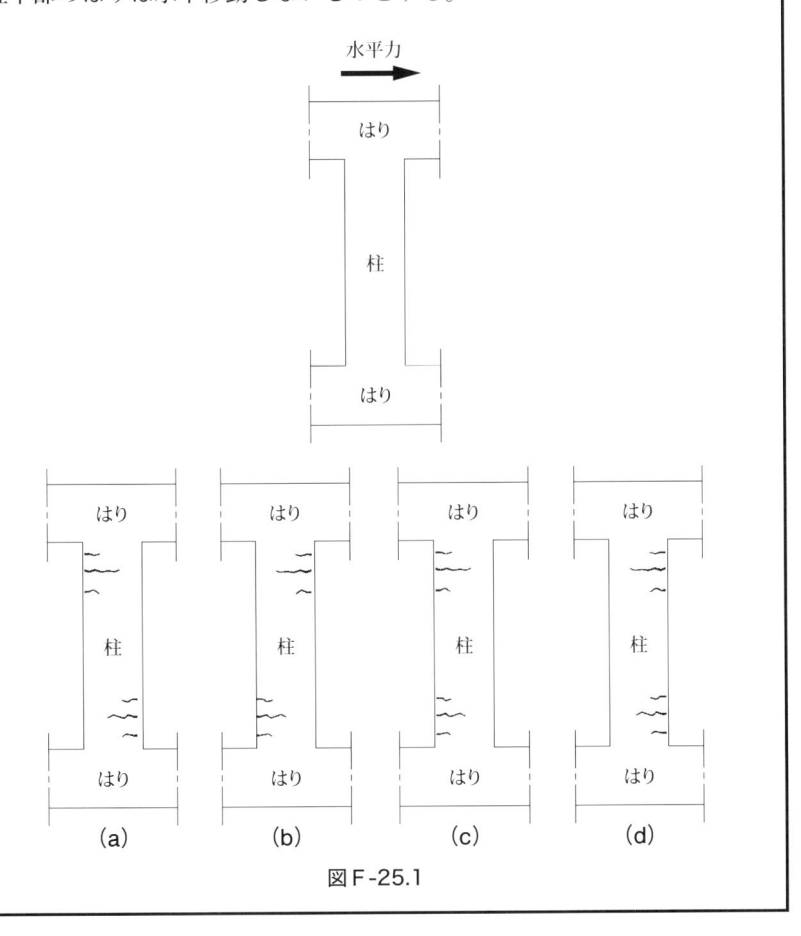

図F-25.1

Ⅱ 問題

解 答

　上のはりに水平力が作用した場合，柱の上部は右側に変位する。その際の変形は，柱下部は水平移動しないこと，またはりと柱は剛結合であることを考慮する。図F-25.2に点線で変形を示す。

　はりに水平力が作用下場合，図F-25.2のような曲げ変形となる。柱脚部左側が載荷前よりも長くなるように，また柱右側のはりとの結合部が曲げ変形となるため，矢印の引張力が発生する。

　したがって，図のようなひび割れが発生する。正解は**(b)**。

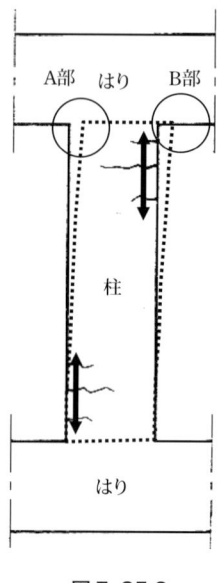

図F-25.2

基本問題 26

RC 部材・ひび割れ

鉄筋コンクリート部材に荷重 P が作用下場合に発生するひび割れを示した図 F-26.1 (a)〜(d) のうち，不適当なものはどれか。

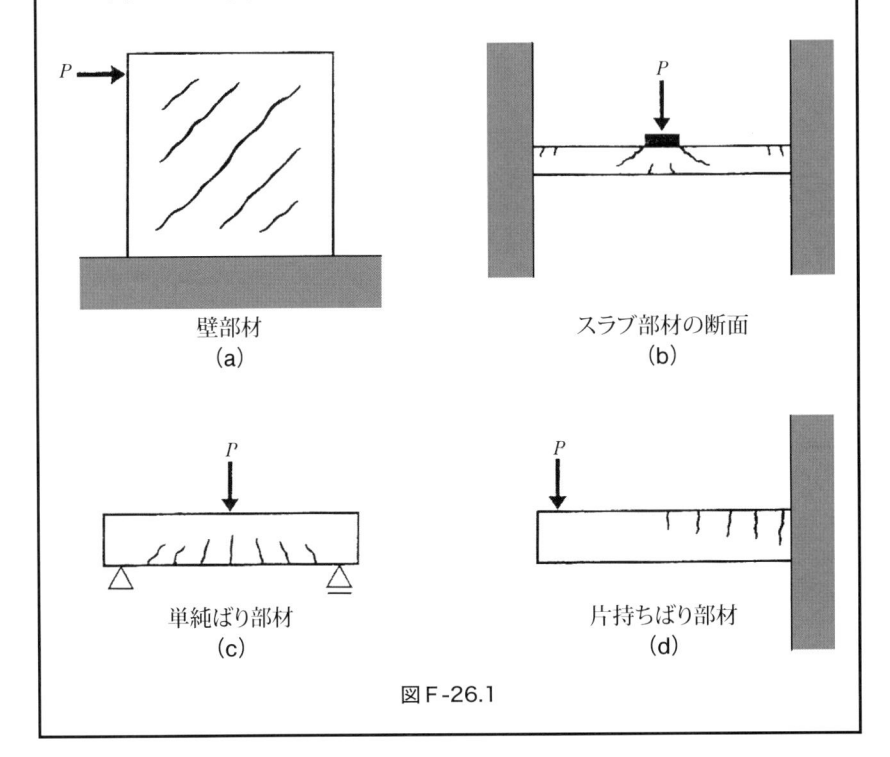

壁部材
(a)

スラブ部材の断面
(b)

単純ばり部材
(c)

片持ちばり部材
(d)

図 F-26.1

解 答

(a)は図に示す載荷条件で，図 F-26.2 のようなせん断変形となる。1点鎖線が2点鎖線のように載荷前よりも長くなるように変形するため，矢印の引張力が発生する。したがって，図の細い点線のようなひび割れが発生する。(a)は不適当。

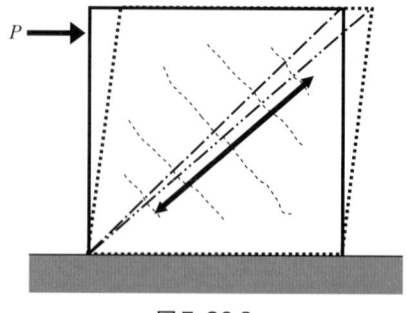

図 F-26.2

　(b)は図に示す載荷条件で，図 F-26.3 のような変形となる。はりの下縁は中央部が引張変形，上縁は固定端が引張変形となる。下縁は載荷前よりも長くなるように変形するが，上縁の固定端は，抜け出すような変形が拘束されるため，逆に引張力が発生する。また，載荷部周囲の直下には，せん断力が発生する。結果として，図に示す矢印の引張力が発生する。
　したがって，図のようなひび割れが発生する。

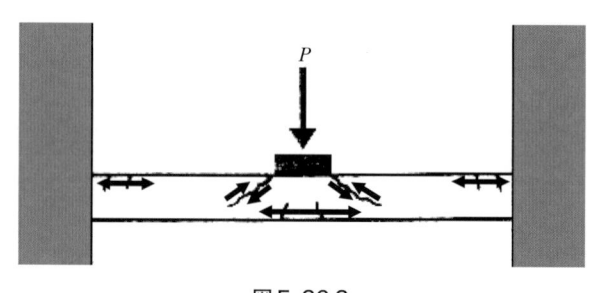

図 F-26.3

　(c)は図 F-26.4 に示す載荷条件で，図 F-26.4 のような曲げ変形となる。はりの上縁は圧縮変形，下縁は引張変形となる。下縁は載荷前よりも長くなるように変形し，下縁には矢印の引張力が発生する。したがって，図のようなひび割れが発生する。

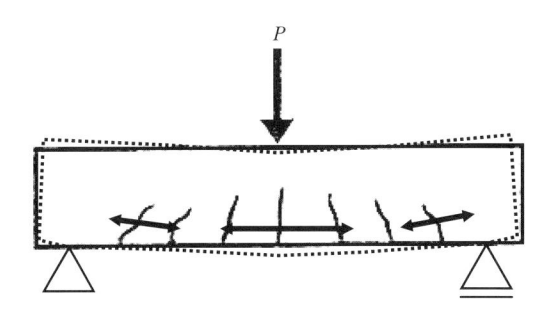

図 F-26.4

(d)は図に示す載荷条件で，図 F-26.5 のような曲げ変形となる。はりの上縁は固定端が引張変形となる。上縁の固定端は，抜け出すような変形が拘束されるため，逆に引張力が発生する。結果として，図に示す矢印の引張力が発生する。したがって，図のようなひび割れが発生する。

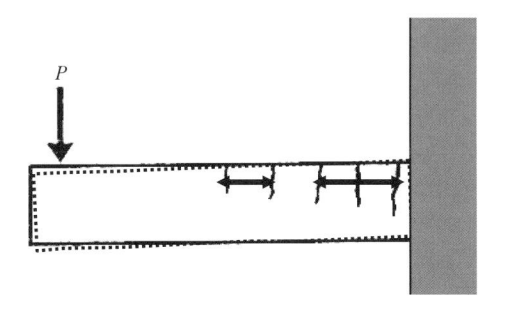

図 F-26.5

応用問題 9

連続ラーメン柱のひび割れ

　図A-9.1は，鉄筋コンクリートのラーメン高架橋のひび割れ状況を示したものである。ひび割れの原因を調査したところ，中央の橋脚が移動していることが分かった。移動方向を示すA～Dのうち，適当なものはどれか。

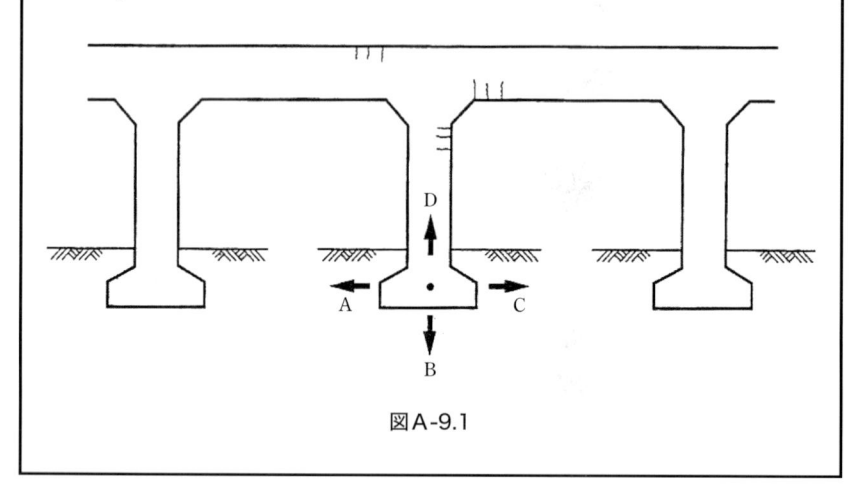

図A-9.1

解 答

　図A-9.2のようなひび割れが生ずるには，はり上縁は上側に凸，下面は下に凸，また柱側面は右側に凸の変形が発生すればよい。変形を考える場合に大事なことは，はりと柱が剛結されていることである。つまり，はりと柱の軸線の交点が直角を保った状態で変形することになる。このようなことから，図A-9.2の点線の変形を発生させるためには，柱脚部を左側に水平移動させればよい。正解はA。

応用問題 9　連続ラーメン柱のひび割れ

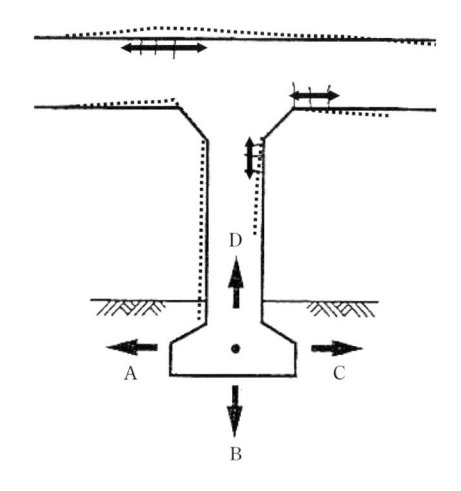

図 A-9.2

応用問題 10

壁部材のひび割れ

　図A-10.1は鉄筋コンクリート造平屋建て倉庫の平面図である。南面および東両面が耐震壁となっており，C1～C9は柱を示す記号である。9本の柱のうち，柱C9の1本だけに沈下が生じたとき，南面および東面の壁に発生するひび割れを予想した図(a)～(d)のうち，適当なものはどれか。

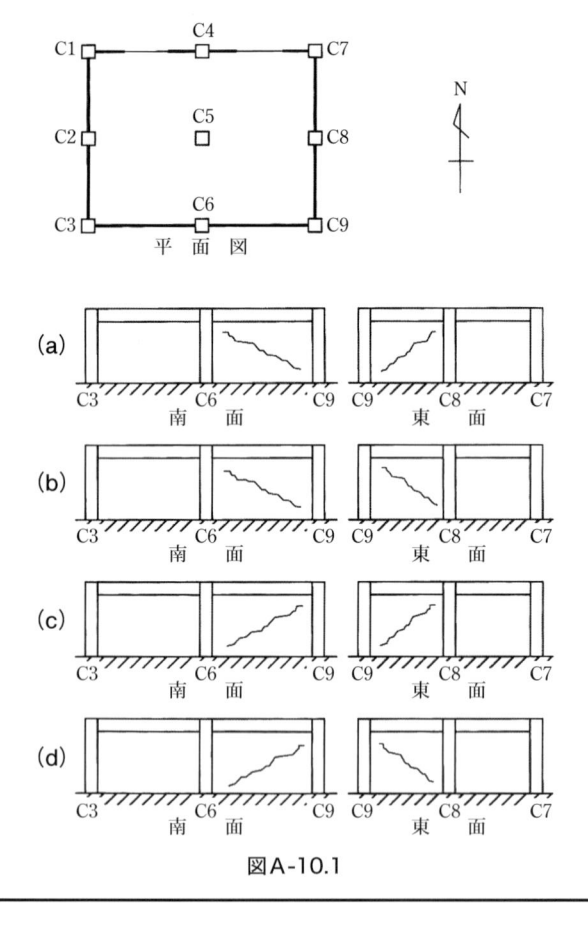

図A-10.1

解 答

　C9が沈下した場合に発生する南面および東面の変形を予測する。南面ではC9の沈下により，壁は図A-10.2のような変形が予測される。この際，沈下前の対角線(1点鎖線)は，沈下後には2点鎖線のように変形，つまりせん断変形を呈することになる。このような変形を生ずるためには，対角線方向に応力が発生することになり，この応力がコンクリートの抵抗力を超えた時点でひび割れが，力と直交する方向に発生することになる。したがって，図に示したひび割れが発生すると予測される。

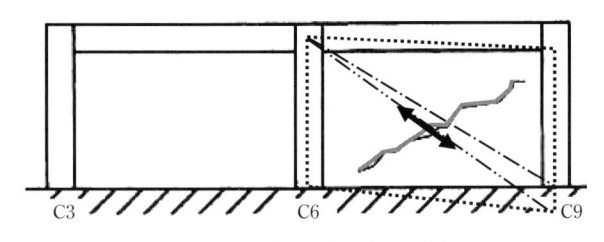

図A-10.2　南面の変形とひび割れ

　次に東面では，C9の沈下により図A-10.3に示す変形が予想される。南面と同様に，沈下前の対角線(1点鎖線)は，沈下後には2点鎖線のように変形，つまりせん断変形を呈することになる。このような変形を生ずるためには，対角線方向に応力が発生することになり，この応力がコンクリートの抵抗力を超えた時点でひび割れが，力と直交する方向に発生することになる。したがって，図に示したひび割れが発生すると予測される。

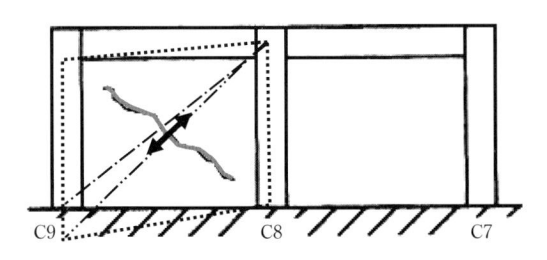

図A-10.3　東面の変形とひび割れ

　以上の結果から，正解は(d)となる。

Ⅱ 問題

応用問題 11

壁部材の収縮ひび割れ

　図A-11.1に示す鉄筋コンクリート構造物の壁およびはりに生じたひび割れのうち，乾燥収縮ひび割れとして，不適当なものはどれか。

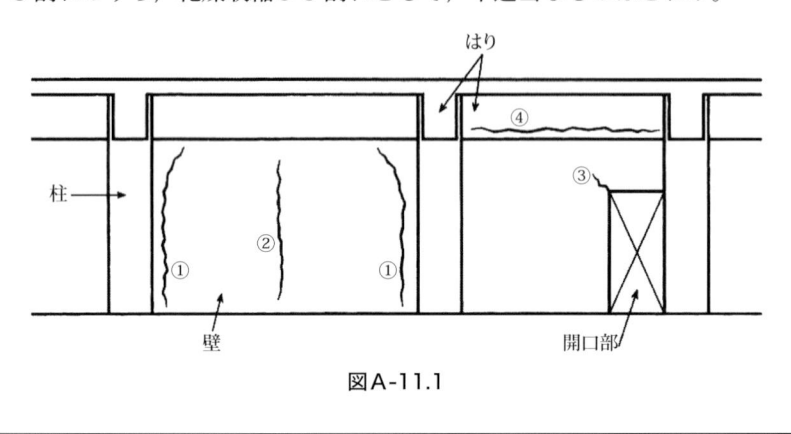

図A-11.1

解答

　該当部材が乾燥収縮により収縮した場合，壁およびはりでは点線の矢印方向の収縮が卓越することになる。しかし，壁Aは壁の両側および上下がはりと床で拘束されているために，収縮変形を戻すような力(図A-11.2中の矢印)が発生する。開口部を有する壁Bでは，開口部の影響でこの力が斜め方向に作用することになる。したがって，壁ではこれらの力と直交する方向にひび割れが発生することになり，①，②および③は乾燥収縮によるひび割れとなる。

　一方，はり部材では，はり軸方向の収縮が卓越する。しかし，はりの両側ははりで拘束されているため，収縮変形を戻すような力(図A-11.2中の矢印)が発生する。したがって，はりではこれらの力と直交する方向にひび割れが発生することになる。④のひび割れは該当しない。

正解は④

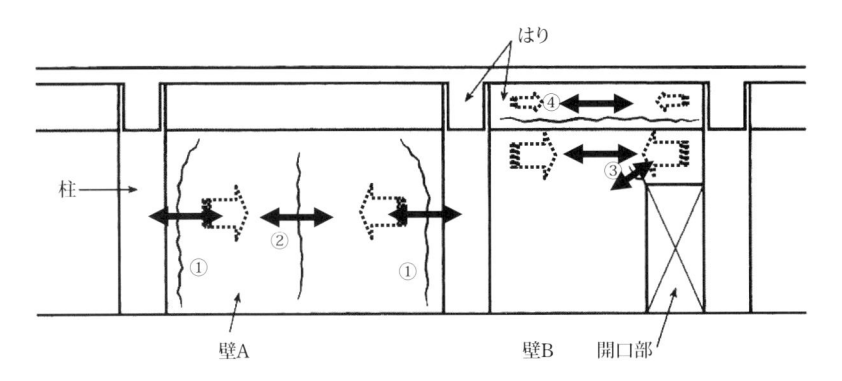

図A-11.2　乾燥収縮により部材が収縮した場合の変形とひび割れ

応用問題 12

はり柱に拘束された壁の乾燥収縮ひび割れ

柱およびはりで囲まれた鉄筋コンクリートの壁に生じる乾燥収縮ひび割れを模式的に示した次の図A-12.1のうち，不適当なものはどれか。

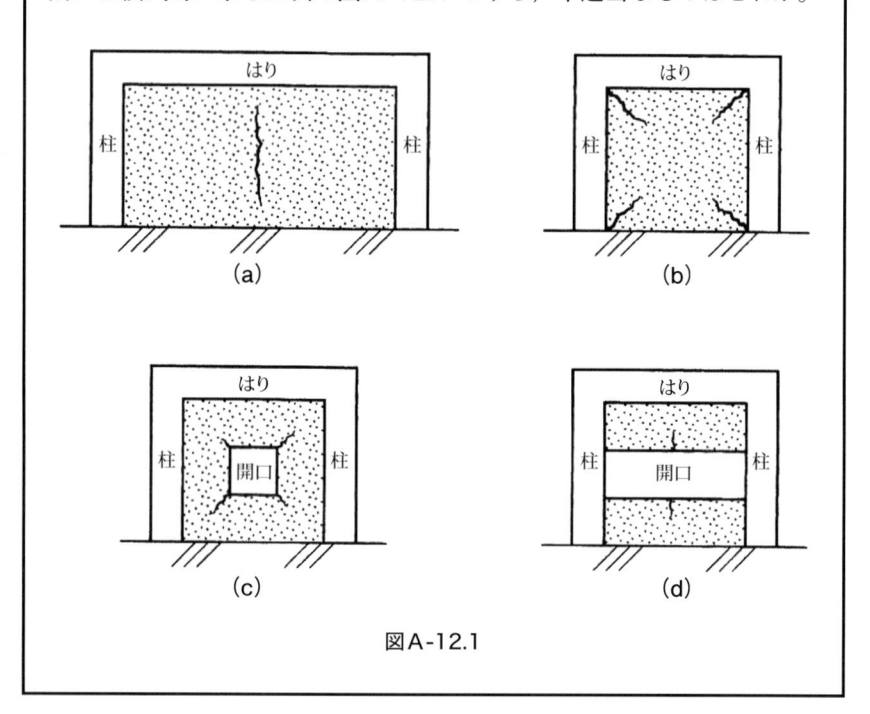

図A-12.1

解 答

(a)は，該当部材が乾燥収縮により収縮した場合，点線の矢印方向の収縮が卓越することになる。しかし，壁の両側および上下がはりと床で拘束されているために，収縮変形を戻すような力(図A-12.2中の矢印)が発生する。したがって，壁ではこの力と直交する方向にひび割れが発生することになる。

応用問題12 はり柱に拘束された壁の乾燥収縮ひび割れ

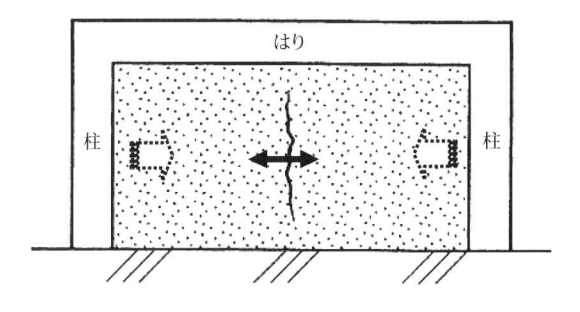

図A-12.2 変形とひび割れ

(b)は，該当部材が乾燥収縮により収縮した場合，点線の矢印方向の収縮が卓越することになる。しかし，壁の両側および上下がはりと床で拘束されているために，収縮変形を戻すような力(図A-12.3中の矢印)が発生する。したがって，壁ではこの力と直交する方向，壁中心からコーナー方向にひび割れが発生することになる。したがって，(b)は不正解。

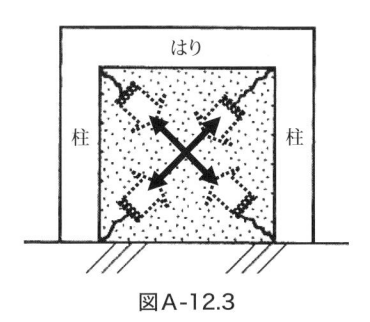

図A-12.3

(c)は，該当部材が乾燥収縮により収縮した場合，点線の矢印方向の収縮が卓越することになる。しかし，壁の両側および上下がはりと床で拘束されているために，収縮変形を戻すような力(図A-12.4中の矢印)が発生する。したがって，壁ではこの力と直交する方向，開口部のコーナーからひび割れが発生することになる。したがって，(c)は正解。

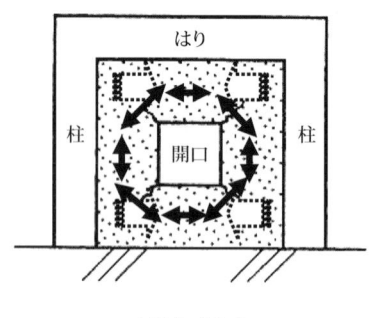

図A-12.4

　(d)は，該当部材が乾燥収縮により収縮した場合，点線の矢印方向の収縮が卓越することになる。しかし，壁の両側および上下がはりと床で拘束されているために，収縮変形を戻すような力(図A-12.5中の矢印)が発生する。したがって，壁ではこの力と直交する方向，開口部のコーナーからひび割れが発生することになる。したがって，(d)は正解。

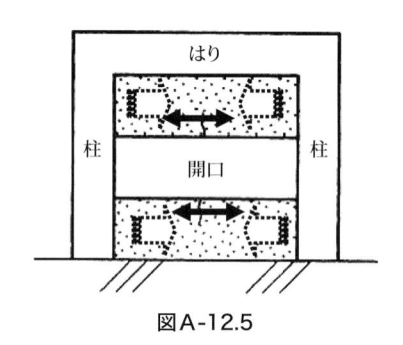

図A-12.5

応用問題 13
壁-開口部のひび割れ

　図 A-13.1 は，中央に比べて両端に大きい沈下を生じた鉄筋コンクリート造 4 階建アパートの外壁の代表的なひび割れを示したものである。図中の①～④のひび割れのうち，この不同(等)沈下と最も関係の薄いひび割れはどれか。

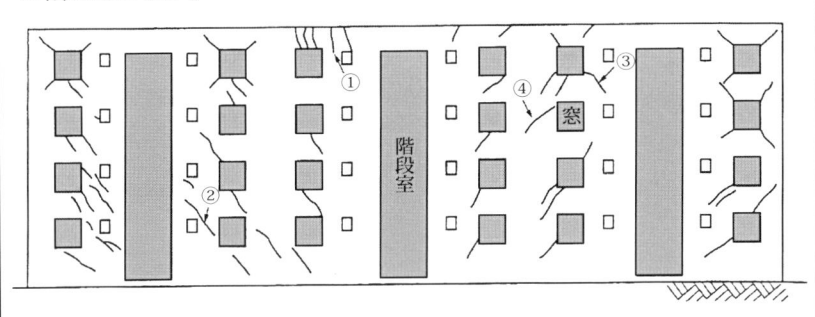

図 A-13.1

解答

　鉄筋コンクリート造のアパートの両端部に，中央部よりも大きい沈下が発生した場合，図 A-13.2 の点線のような変形が発生する。このような変形状態を呈した場合，外壁の中央部は水平方向に長くなる変形，また，端部は斜め方向に長くなる変形となる。このような変形に伴い，外壁には矢印のような引張力が発生する。
　したがって，不同沈下により引張力と直交する方向にひび割れが発生する。該当するひび割れは，①，②および④となる。③が不正解。

Ⅱ 問題

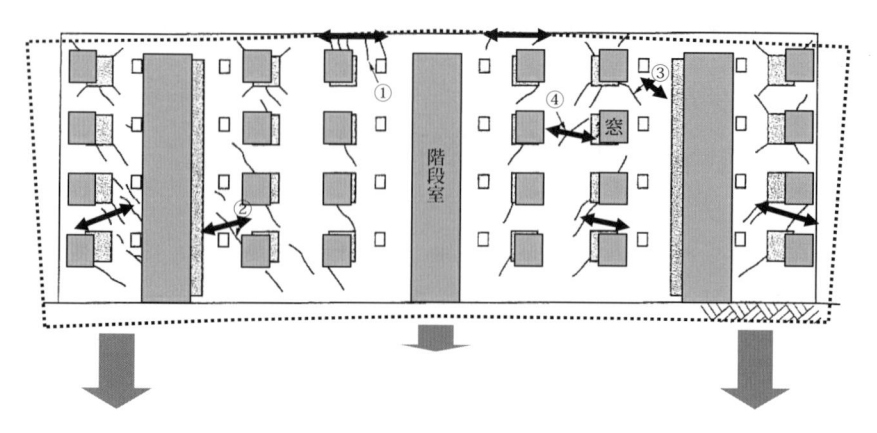

図A-13.2　不同沈下に伴う変形とひび割れ

応用問題 14

壁部材の収縮ひび割れ

図 A-14.1 に示す柱およびはりで囲まれた鉄筋コンクリート造建物の壁に発生したひび割れのうち、コンクリートの乾燥収縮に起因すると考えられるものはどれか。

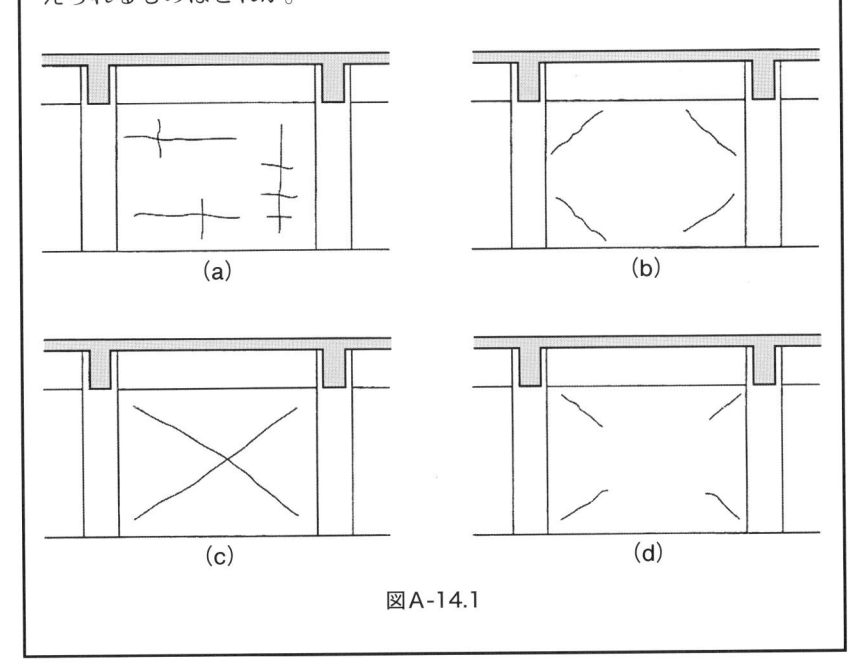

図 A-14.1

解答

柱，はりおよび床のコンクリートに囲まれた壁が乾燥収縮により収縮した場合（図 A-14.2 中の点線矢印），周囲の拘束が無ければ壁は図 A-14.2 の点線のように変形する。しかし、実際は、壁の収縮は柱，はりおよび床のコンクリートに拘束されるため、収縮の進行に伴い壁内には収縮を元の状態（位置）に戻すような引張力が発生する。

II 問 題

　したがって，ひび割れはこれらの引張力と直交する方向に発生する。該当するひび割れは，(d) となる。正解は (d)。

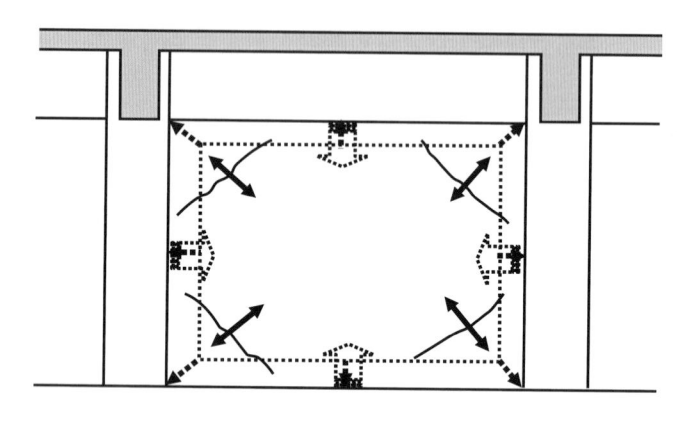

図A-14.2

応用問題 15

壁-開口部の温度ひび割れ

　図A-15.1 は，夏季の外気温度の上昇に伴う鉄筋コンクリート造 4階建アパートの外壁の代表的なひび割れを示したものである。図中の(a)～(d)のひび割れのうち，この温度上昇と最も関係の深いひび割れはどれか。

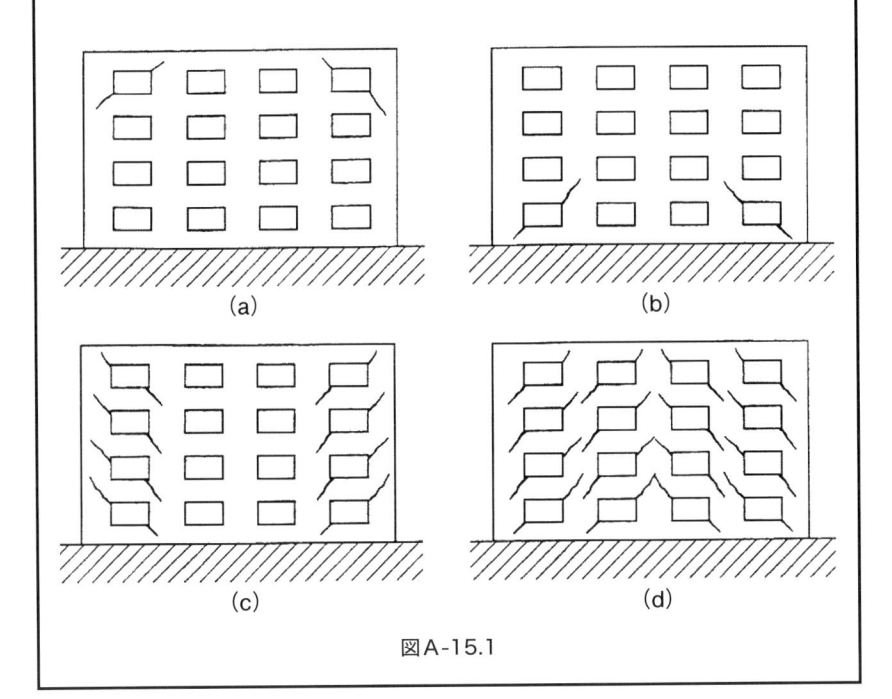

図A-15.1

[　解　答　]

　鉄筋コンクリート造 4階建アパートの外壁は，外気温度の上昇に伴い，上層階は比較的自由に膨張変形できるが，下層階は基礎による拘束を受けるため膨張変形が拘束される。その結果，図A-15.2 の点線で示すような変形となる。上層階の端部に着目すると，1点鎖線は，外気温度の上昇に伴い2点

II 問題

鎖線に変化，つまり長くなるように変形する。結果として，矢印のような引張力が発生することになる。

したがって，ひび割れはこれらの引張力と直交する方向に発生する。該当するひび割れは，(a)となる。正解は(a)。

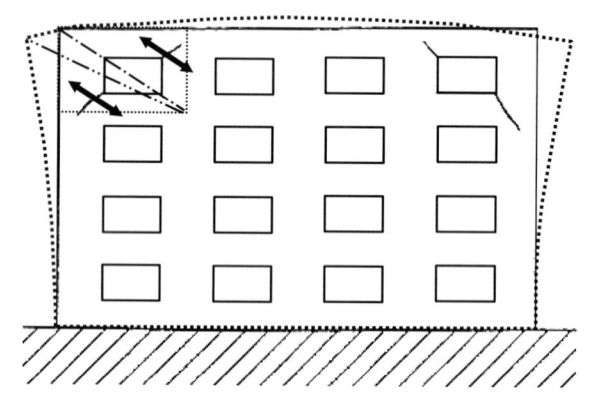

図A-15.2

応用問題 16

床スラブのひび割れ

　コンクリート打込み後，3ヶ月ほど経過して，図A-16.1に示すようなひび割れが床スラブ上面に発見された。ひび割れは，スラブの短辺方向と，四隅に斜めに入っており，下面まで貫通しているものもあった。コンクリートの打込みは，4月中旬の比較的暖かい日であった。隣接するスラブにも同様なひび割れが発見されている。このひび割れ原因として次のうち，適当なものはどれか。

(a) コンクリートの乾燥収縮
(b) コンクリートの沈下
(c) かぶり(厚さ)不足
(d) 過大な積載荷重

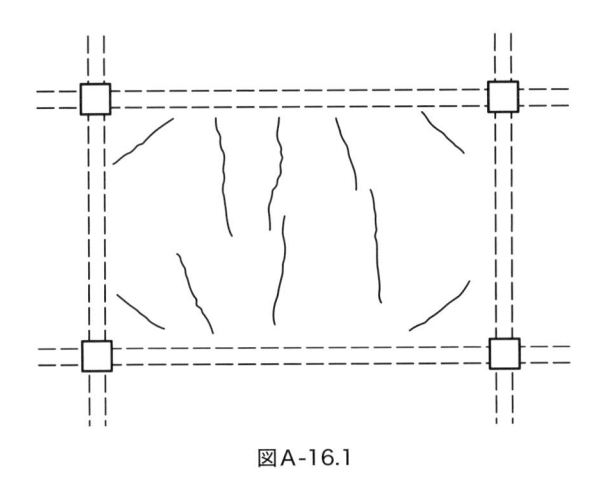

図A-16.1

解　答

　はりのコンクリートに囲まれた床が乾燥収縮により収縮した場合(図A-

Ⅱ 問題

16.2 中の点線矢印），周囲の拘束が無ければ壁は**図A-16.2** の点線のように変形する。しかし，実際は，床の収縮ははりのコンクリートに拘束されるため，収縮の進行に伴い床内には収縮を元の状態（位置）に戻すような引張力が発生する。

したがって，ひび割れはこれらの引張力と直交する方向に発生する。該当する原因は**(a)** となる。正解は**(a)**。

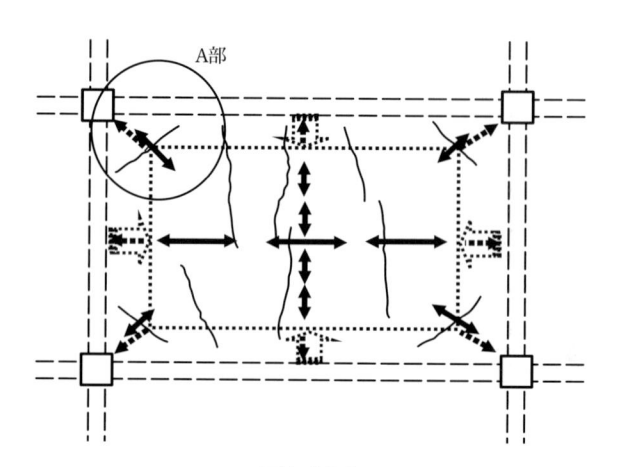

図A-16.2

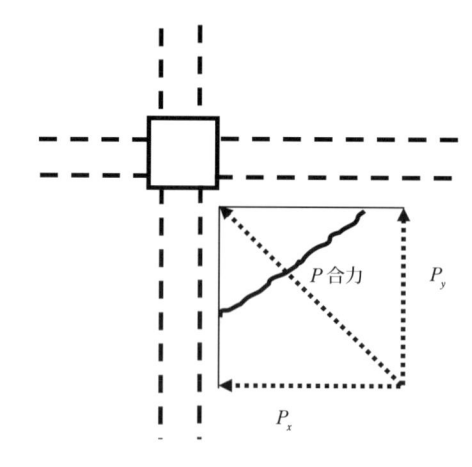

図A-16.3　A部の拡大

応用問題 17

壁部材の収縮ひび割れ

　鋼桁上に施工された RC 床版に，コンクリート打設約 6 ヵ月後に写真に示す橋軸直角方向のひび割れが見られた。当該ひび割れの発生原因を推定せよ。また，その推定理由を示しなさい。

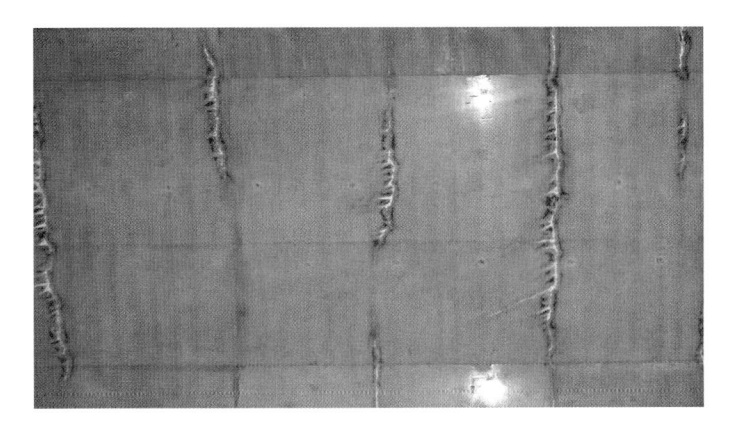

図A-17.1

解　答

1. ひび割れの発生原因

　写真で確認できる変状は，ひび割れ，ひび割れ部の白色の析出物および漏水跡である。また，ひび割れは桁側から床版の中央部へ向かって発生する傾向が見られる。さらにひび割れは，ほぼ等間隔に発生している傾向が見られる。なお，白色の析出物は，ひび割れの発生時期が，コンクリート打設後 6 ヶ月以内であることからエフロレッセンスである可能性が高い。アルカリシリカゲルの可能性は，床版コンクリート施工後の経過時間から，きわめて小さいと評価される。

ひび割れの発生原因は，ひび割れ発生の規則性，発生時期，貫通有(エフロレッセンスがあること，漏水跡があることから判断される)，およびひび割れ部の状態(エフロレッセンス有，漏水跡)から，床版コンクリートの「温度(セメントの水和熱，環境温度変化に起因する)および乾燥に起因する収縮応力」と推定される。

2. 推定理由

写真で確認された次に示す特徴から，床版に発生したひび割れ原因を「収縮ひび割れ」と推定した。

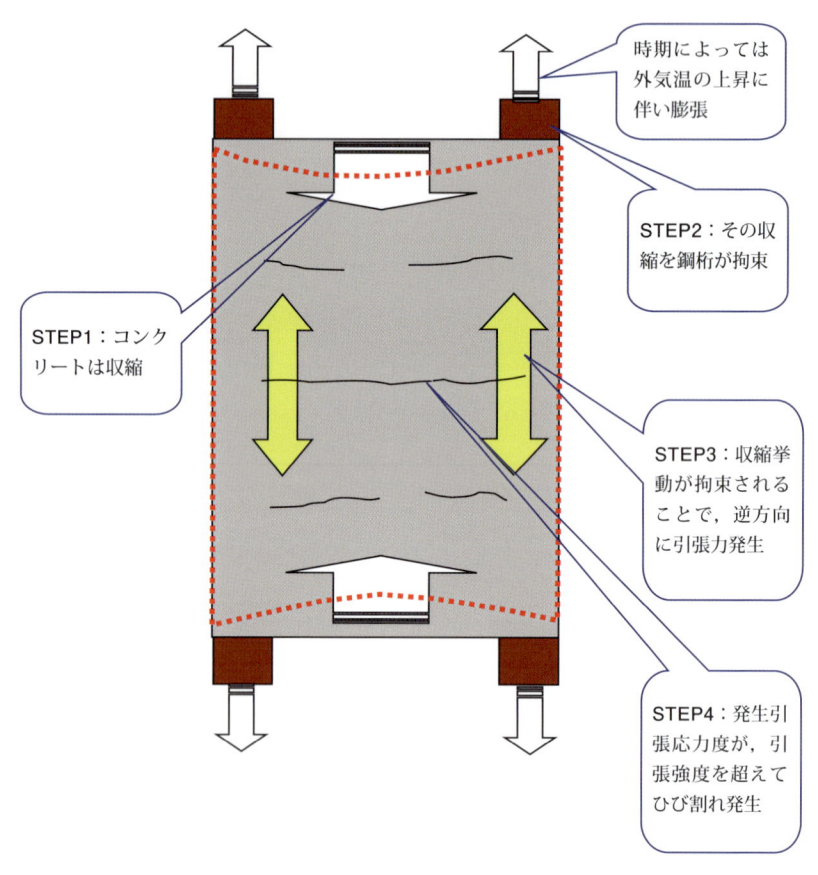

図中注釈：
- 時期によっては外気温の上昇に伴い膨張
- STEP1：コンクリートは収縮
- STEP2：その収縮を鋼桁が拘束
- STEP3：収縮挙動が拘束されることで，逆方向に引張力発生
- STEP4：発生引張応力度が，引張強度を超えてひび割れ発生

図A-17.2　ひび割れ発生メカニズム

① ひび割れの発生パターンに規則性(ひび割れ間隔)が見られる。
② ひび割れの発生時期が6ヶ月以内である。
③ ひび割れが貫通している。

さらに，当該ひび割れの発生メカニズムを以下のように推定した。**図A-17.2**にひび割れ発生のメカニズムを示す。床版コンクリートは打設後，セメントの水和熱・環境温度変化による温度収縮および乾燥収縮により橋軸方向に収縮挙動(軸変形，曲げ変形)を示す。この際，鋼桁がこの収縮を拘束する。このように軸変形，曲げ変形が鋼桁により拘束されると橋軸方向に引張力が発生することになる。時期によっては，鋼桁は逆に外気温の上昇に伴って膨張変形の挙動を示すため，乾燥収縮により発生する収縮応力を助長することになる。

基本問題 27
温度による部材の伸びと応力

図 F-27.1 に示す一様な温度分布の部材を考える。いま，この部材の温度が 35℃ から 20℃ まで降下したとすると，この部材の収縮変形量 δ は何 mm になるか。部材の長さを $L=1\,000$ mm，線膨張係数 $\alpha=10\times10^{-6}/℃$ とする。

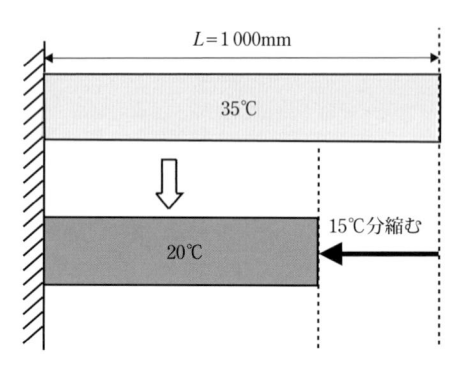

図 F-27.1 部材の温度変形量を考える

解 答

温度変化に伴う部材の変形 δ は次式で計算される。

$$\delta = \alpha \cdot \Delta T \cdot L \tag{1}$$

ここで，ΔT は温度変化量であり上昇をプラス，降下をマイナスとする。
$\delta = 10\times10^{-6}/℃ \cdot (-15℃) \cdot 1\,000 \text{ mm} = -0.15 \text{ mm}$（マイナスは収縮を意味する）

この例題では部材は自由に収縮するため応力は生じない。では，部材の変形が完全に拘束されている場合，部材に生じる応力はどのようになるであろうか？ 図 F-27.2 に示すように完全に拘束された場合，部材の弾性係数を $E=20\,000 \text{ N/mm}^2$ として，部材に生じる応力を求めてみよう。この場合，部材

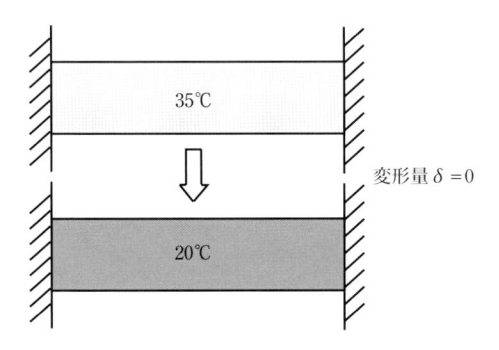

図F-27.2 完全拘束の場合

の両端は完全に拘束されているので収縮変形量は当然ゼロである。したがって先に算出した収縮変形量 0.15 mm が逆に引き伸ばされたことになり，引張応力が作用する。この引き伸ばされた変形量よりひずみを求めると，

$$\varepsilon = \Delta L / L = 0.15 \text{ mm} / 1\,000 \text{ mm} = 150 \times 10^{-6}$$

となる。

しがって，応力はフックの式より

$$\sigma = E \cdot \varepsilon = 20\,000 \text{ N/mm}^2 \cdot 150 \times 10^{-6} = 3 \text{ N/mm}^2 \text{（引張）}$$

となる。

温度応力（初期ひずみ問題）の計算ではフックの式を次のように変形して使う。式(2)を用いることで，温度変化に伴って部材に生じる応力の圧縮と引張を合理的に表すことができる。

$$\sigma = E \cdot (\varepsilon - \varepsilon_T) \tag{2}$$

ここで，ε：全ひずみ
　　　　ε_T：温度ひずみ（初期ひずみ*）

温度ひずみは次式から算出する。

$$\varepsilon_T = \Delta T \cdot \alpha \tag{3}$$

ここで，ΔT：温度変化量

α：線膨張係数

この場合，部材の長さ変化がないことから全ひずみεは0となる。一方，温度ひずみは式(3)から，

$$\varepsilon_T = \varDelta T \cdot \alpha = -15℃ \cdot 10 \times 10^{-6} = -150 \times 10^{-6}$$

この温度ひずみを式(2)に代入する。

$$\sigma = 20\,000 \text{ N/mm}^2 \cdot \{0 - (-150 \times 10^{-6})\} = 3 \text{ N/mm}^2$$

したがって部材内には引張応力が生じる。

* 初期ひずみとは，温度ひずみ，乾燥収縮ひずみ，自己収縮ひずみなどをいう。

基本問題 28

ばねで拘束された部材の温度による伸びと応力

基本問題 27 の部材の一端が図 F-28.1 に示すようにばねで拘束され、15℃の温度降下分に対応する変形量 −0.15 mm のうち、−0.05 mm だけが収縮した。このとき部材に生じる応力はいくらか？

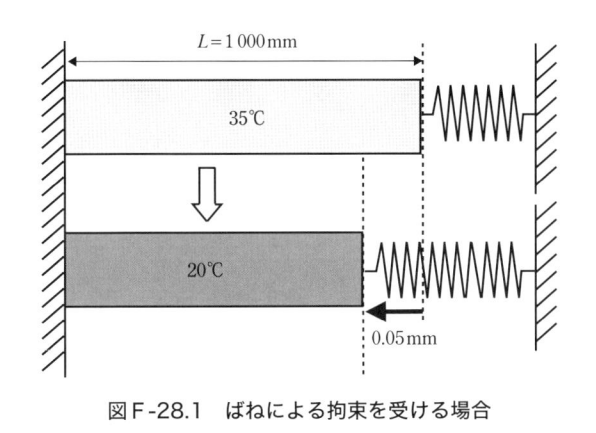

図 F-28.1　ばねによる拘束を受ける場合

解答

全ひずみは $\Delta L/L = -0.05 \text{ mm}/1\,000 \text{ mm} = -50 \times 10^{-6}$ であり、これを p.171 の式(2)に代入して、応力 σ を求める。

$$\sigma = 20\,000 \text{ N/mm}^2 \cdot \{-50 \times 10^{-6} - (-150 \times 10^{-6})\} = 2 \text{ N/mm}^2 \quad (引張)$$

温度応力の計算では、温度ひずみが拘束される割合を拘束度 R を用いて表す。

$R = (温度ひずみ - 見かけのひずみ)/温度ひずみ$

II 問題

$$= (\varepsilon_T - \varepsilon)/\varepsilon_T \tag{1}$$

したがって，この問題では，$R = \{-150\times10^{-6} - (-50\times10^{-6})\}/-150\times10^{-6} = 0.667$ となる．すなわち，図 F-28.2 に示すように R は本来の温度変形量（温度ひずみ）の 2/3 が拘束されることを表している．拘束度 R は温度変形が完全に拘束される場合 1 となり，逆に完全に許容する場合を 0 とする．

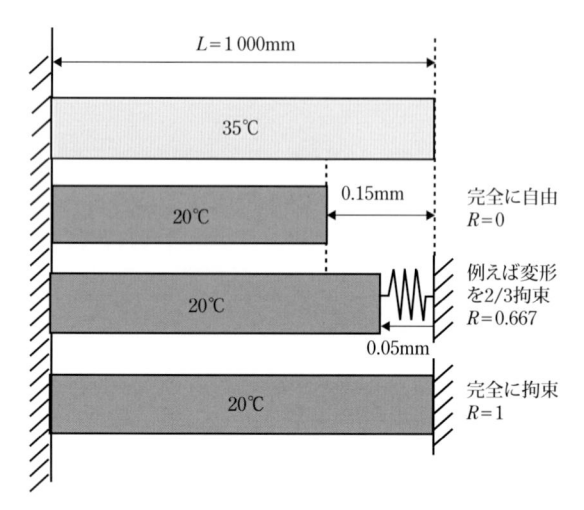

図 F-28.2 拘束度を考え方

[問]

図 F-28.1 の部材に生じる応力を，拘束度 R を用いて計算せよ．

$$\sigma = E \cdot \varepsilon_T \cdot R = 20\,000 \text{ N/mm}^2 \cdot (-150\times10^{-6}) \cdot 0.667 = -2 \text{ N/mm}^2 \text{（引張）} \tag{2}$$

このように R を用いると温度応力の計算は簡便になる．ただし，初期ひずみを導入した式(2)を用いずに，次式により温度応力を求めると，プラスとマイナスの概念はこれまでの説明とは逆になる．すなわち，ΔT が上昇の場合に圧縮(+)，降下の場合に引張(−)になることに注意すること．基本問題 27 で述べた CP 法の理論式も圧縮がプラスとなっている．

基本問題 28　ばねで拘束された部材の温度による伸びと応力

$$\sigma = E \cdot R \cdot \Delta T \cdot \alpha$$

ここに，E：弾性係数
　　　　R：拘束度
　　　　ΔT：温度変化量
　　　　α：線膨張係数

応用問題 18

ばねで拘束された部材の温度による伸びと応力

図A-18.1 に示すように，ばねにより拘束を受ける長さ 2 000 mm の部材が，10℃から 45℃まで上昇した。このとき，見かけの変形量は 0.21 mm であった。このとき，拘束度 R と部材に作用する応力を求めよ。ただし，部材の温度は一様であるとし，弾性係数 $E=25\,000$ N/mm^2，線膨張係数 $\alpha=10\times10^{-6}$/℃ とする。

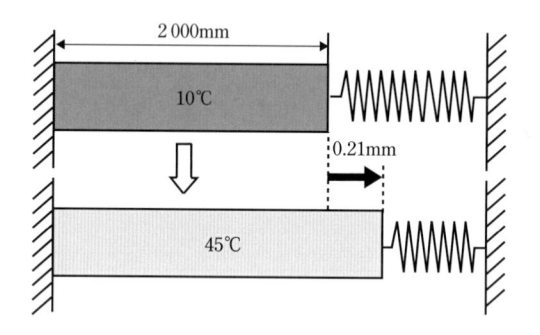

図A-18.1 問題の解説図

解 答

温度ひずみは p.171 の式(3)より，

$\varepsilon_T = 35℃ \cdot 10\times10^{-6}/℃ = 350\times10^{-6}$

全ひずみ $\varepsilon = 0.21$ mm/2 000 mm $= 105\times10^{-6}$

拘束度 R は，$(350\times10^{-6} - 105\times10^{-6})/350\times10^{-6} = 0.7$

温度応力は p.171 の式(2)より

$\sigma = 25\,000$ N/mm$^2 \cdot (105\times10^{-6} - 350\times10^{-6}) = -6.125$ N/mm^2（圧縮）

応用問題 19

台形ブロックの温度応力

図に示すような台形の断面を有するコンクリートブロックの各要素において，材齢 $t_0 \sim t_2$ の間の温度履歴と断面全体の平均温度，および弾性係数が以下の表に示す値であったとき，各要素に生じる温度応力を求めよ。なお，コンクリートの各要素の面積 dA，要素中心の y 座標，断面2次モーメント $A \cdot (y-y_G)^2$，断面全体の平均温度についても表中に示す。外部拘束係数 $R_N=0.4$，$R_M=0.7$，また，線膨張係数を 10×10^{-6}/℃ とする。また，このコンクリートの高さ方向の重心座標は 444 mm とする。

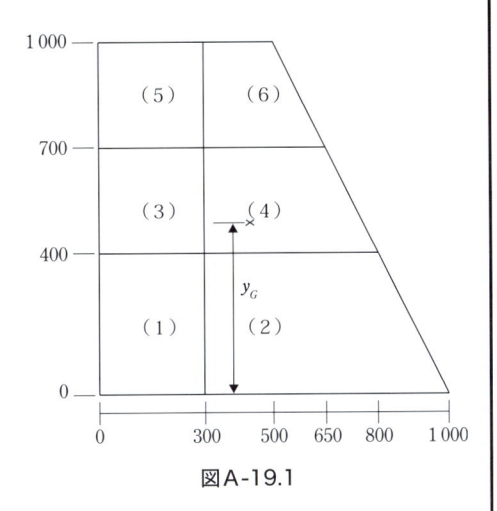

図A-19.1

表A-19.1　例題の計算条件

要素番号	面積 dA(mm^2)	y	$y-y_G$	$dA*(y-y_G)^2$	t_0	t_1	t_2
(1)	120 000	200	−244	0.7144×10^{10}	20.0	20.0	20.0
(2)	240 000	189	−255	1.5606×10^{10}	20.0	20.0	20.0
(3)	90 000	550	106	0.1011×10^{10}	20.0	20.0	20.0
(4)	127 500	541	97	0.1196×10^{10}	20.0	20.0	20.0
(5)	90 000	850	406	1.4835×10^{10}	20.0	30.0	45.0
(6)	82 500	836	392	1.2677×10^{10}	20.0	30.0	40.0
平均温度(℃)					20.0	22.3	25.2
弾性係数 E(N/mm^2)					20 000		25 000

Ⅱ 問題

解 答

まず，平均ひずみの増分は p.39 式(8.2)より求めるのであるが，ここでは，各材齢における断面全体の平均温度がすでに表に示されているので，これに線膨張係数をかければ $\Delta\bar{\varepsilon}$ が求められる。

時刻 $t_0 \sim t_1$: $\Delta\bar{\varepsilon}_1 = \{(22.3-20.0) \cdot 10 \times 10^{-6}\} = 23 \times 10^{-6}$

時刻 $t_1 \sim t_2$: $\Delta\bar{\varepsilon}_2 = \{(25.2-22.3) \cdot 10 \times 10^{-6}\} = 29 \times 10^{-6}$

次に p.40 式(8.7)より $\Delta\phi$ を計算する。まず，分母の断面 2 次モーメントを求めておく。I は表中の各要素の $dA \cdot (y-y_G)^2$ の合計値であるから，$I = 5.247 \times 10^{10}$ となる。次に分子の項 $(\alpha \cdot \Delta T(x,y) - \Delta\bar{\varepsilon}) \cdot (y-y_G)^2$ を各要素について計算する。

$t_0 \sim t_1$

要素 1 : $(10 \times 10^{-6} \cdot 0.0 - 23 \times 10^{-6}) \cdot (-244) \cdot 120\,000 = 673.4$

要素 2 : $(10 \times 10^{-6} \cdot 0.0 - 23 \times 10^{-6}) \cdot (-255) \cdot 240\,000 = 1\,407.6$

要素 3 : $(10 \times 10^{-6} \cdot 0.0 - 23 \times 10^{-6}) \cdot 106 \cdot 90\,000 = -219.4$

要素 4 : $(10 \times 10^{-6} \cdot 0.0 - 23 \times 10^{-6}) \cdot 97 \cdot 127\,500 = -284.5$

要素 5 : $(10 \times 10^{-6} \cdot 10.0 - 23 \times 10^{-6}) \cdot 406 \cdot 90\,000 = 2\,813.6$

要素 6 : $(10 \times 10^{-6} \cdot 10.0 - 23 \times 10^{-6}) \cdot 392 \cdot 82\,500 = 2\,490.2$

合計 $= 6\,880.9$

$\Delta\phi_1 = 6\,880.9/5.247 \times 10^{10} = 1.311 \times 10^{-7}$

次に各要素の外部拘束応力を p.41 式(8.10)から計算する。この式の $R_N \cdot E(t) \cdot \Delta\bar{\varepsilon}$ の項は，要素によらず一定であり，$0.4 \cdot 20\,000 \cdot (23 \times 10^{-6}) = 0.184$ となる。

したがって，材齢 t_1 における外部拘束による応力増分 $\Delta\sigma_R$ は $R_M \cdot E(t) \cdot \Delta\phi(y-y_G)$ の項とともに以下のようになる。

要素 1 : $\Delta\sigma_{R(1)t1} = 0.184 + 0.7 \cdot 20\,000 \cdot 1.311 \times 10^{-7} \cdot (-244) = -0.264$

要素 2 : $\Delta\sigma_{R(2)t1} = 0.184 + 0.7 \cdot 20\,000 \cdot 1.311 \times 10^{-7} \cdot (-255) = -0.284$

要素 3 : $\Delta\sigma_{R(3)t1} = 0.184 + 0.7 \cdot 20\,000 \cdot 1.311 \times 10^{-7} \cdot 106 = 0.379$

要素 4 : $\Delta\sigma_{R(4)t1} = 0.184 + 0.7 \cdot 20\,000 \cdot 1.311 \times 10^{-7} \cdot 97 = 0.362$

要素 5 : $\Delta\sigma_{R(5)t1} = 0.184 + 0.7 \cdot 20\,000 \cdot 1.311 \times 10^{-7} \cdot 406 = 0.929$

要素 6 : $\Delta\sigma_{R(6)t1} = 0.184 + 0.7 \cdot 20\,000 \cdot 1.311 \times 10^{-7} \cdot 392 = 0.903$

内部拘束による応力は p.41式(8.11)より求める。

要素1：$\Delta\sigma_{I(1)t1} = 20\,000 \cdot (10\times 10^{-6}\cdot 0.0 - 23\times 10^{-6} - 1.311\times 10^{-7}\cdot(-244)) = 0.180$
要素2：$\Delta\sigma_{I(2)t1} = 20\,000 \cdot (10\times 10^{-6}\cdot 0.0 - 23\times 10^{-6} - 1.311\times 10^{-7}\cdot(-255)) = 0.209$
要素3：$\Delta\sigma_{I(3)t1} = 20\,000 \cdot (10\times 10^{-6}\cdot 0.0 - 23\times 10^{-6} - 1.311\times 10^{-7}\cdot 106) = -0.738$
要素4：$\Delta\sigma_{I(4)t1} = 20\,000 \cdot (10\times 10^{-6}\cdot 0.0 - 23\times 10^{-6} - 1.311\times 10^{-7}\cdot 97) = -0.714$
要素5：$\Delta\sigma_{I(5)t1} = 20\,000 \cdot (10\times 10^{-6}\cdot 10.0 - 23\times 10^{-6} - 1.311\times 10^{-7}\cdot 406) = 0.475$
要素6：$\Delta\sigma_{I(6)t1} = 20\,000 \cdot (10\times 10^{-6}\cdot 10.0 - 23\times 10^{-6} - 1.311\times 10^{-7}\cdot 392) = 0.512$

材齢 t_0 から t_1 の温度変化によって生じる温度応力は $\Delta\sigma_R$ と $\Delta\sigma_I$ の合計であるから

要素1：$\Delta\sigma_{(1)t1} = -0.264 + 0.180 = -0.084$
要素2：$\Delta\sigma_{(2)t1} = -0.284 + 0.209 = -0.075$
要素3：$\Delta\sigma_{(3)t1} = 0.379 - 0.738 = -0.359$
要素4：$\Delta\sigma_{(4)t1} = 0.362 - 0.714 = -0.352$
要素5：$\Delta\sigma_{(5)t1} = 0.929 + 0.475 = 1.404$
要素6：$\Delta\sigma_{(6)t1} = 0.903 + 0.512 = 1.415$

$t_1 \sim t_2$ についても同様に

要素1：$(10\times 10^{-6}\cdot 0.0 - 29\times 10^{-6}) \cdot (-244) \cdot 120\,000 = 849.1$
要素2：$(10\times 10^{-6}\cdot 0.0 - 29\times 10^{-6}) \cdot (-255) \cdot 240\,000 = 1\,774.8$
要素3：$(10\times 10^{-6}\cdot 0.0 - 29\times 10^{-6}) \cdot 106 \cdot 90\,000 = -276.7$
要素4：$(10\times 10^{-6}\cdot 0.0 - 29\times 10^{-6}) \cdot 97 \cdot 127\,500 = -358.7$
要素5：$(10\times 10^{-6}\cdot 15.0 - 29\times 10^{-6}) \cdot 406 \cdot 90\,000 = 4\,421.3$
要素6：$(10\times 10^{-6}\cdot 10.0 - 29\times 10^{-6}) \cdot 392 \cdot 82\,500 = 2\,296.1$

合計 $= 8\,705.9$

$\Delta\phi_1 = 8705.9 / 5.247\times 10^{10} = 1.659\times 10^{-7}$

$R_N \cdot E(t) \cdot \Delta\bar{\varepsilon}$ の項は $0.4 \cdot 25\,000 \cdot (-29\times 10^{-6}) = 0.290$ となる。

したがって，材齢 t_2 における外部拘束による応力増分は，

要素1：$\Delta\sigma_{R(1)t2} = 0.290 + 0.7 \cdot 25\,000 \cdot 1.659\times 10^{-7} \cdot (-244) = -0.418$
要素2：$\Delta\sigma_{R(2)t2} = 0.290 + 0.7 \cdot 25\,000 \cdot 1.659\times 10^{-7} \cdot (-255) = -0.450$
要素3：$\Delta\sigma_{R(3)t2} = 0.290 + 0.7 \cdot 25\,000 \cdot 1.659\times 10^{-7} \cdot 106 = 0.598$
要素4：$\Delta\sigma_{R(4)t2} = 0.290 + 0.7 \cdot 25\,000 \cdot 1.659\times 10^{-7} \cdot 97 = 0.572$

要素5：$\Delta\sigma_{R(5)t2}=0.290+0.7 \cdot 25\,000 \cdot 1.659\times10^{-7} \cdot 406=1.469$

要素6：$\Delta\sigma_{R(6)t2}=0.290+0.7 \cdot 25\,000 \cdot 1.659\times10^{-7} \cdot 392=1.428$

内部拘束による応力は，

要素1：$\Delta\sigma_{I(1)t2}=25\,000 \cdot (10\times10^{-6} \cdot 0.0-29\times10^{-6}-1.659\times10^{-7} \cdot (-244))=0.287$

要素2：$\Delta\sigma_{I(2)t2}=25\,000 \cdot (10\times10^{-6} \cdot 0.0-29\times10^{-6}-1.659\times10^{-7} \cdot (-255))=0.333$

要素3：$\Delta\sigma_{I(3)t2}=25\,000 \cdot (10\times10^{-6} \cdot 0.0-29\times10^{-6}-1.659\times10^{-7} \cdot 106)=-1.165$

要素4：$\Delta\sigma_{I(4)t2}=25\,000 \cdot (10\times10^{-6} \cdot 0.0-29\times10^{-6}-1.659\times10^{-7} \cdot 97)=-1.127$

要素5：$\Delta\sigma_{I(5)t2}=25\,000 \cdot (10\times10^{-6} \cdot 15.0-29\times10^{-6}-1.659\times10^{-7} \cdot 406)=1.341$

要素6：$\Delta\sigma_{I(6)t2}=25\,000 \cdot (10\times10^{-6} \cdot 10.0-29\times10^{-6}-1.659\times10^{-7} \cdot 392)=0.149$

材齢t_0からt_1の温度変化によって生じる温度応力は，

要素1：$\Delta\sigma_{(1)t2}=-0.418+0.287=-0.131$

要素2：$\Delta\sigma_{(2)t2}=-0.450+0.338=-0.117$

要素3：$\Delta\sigma_{(3)t2}=0.598-1.165=-0.567$

要素4：$\Delta\sigma_{(4)t2}=0.572-1.127=-0.555$

要素5：$\Delta\sigma_{(5)t2}=1.469+1.341=2.810$

要素6：$\Delta\sigma_{(6)t2}=1.428+0.149=1.577$

材齢t_2までに生じる応力は$\Delta\sigma_{(1)t1}$と$\Delta\sigma_{(1)t2}$の合計値となる。

$\sigma_{(1)}=-0.084-0.131=-0.215$

$\sigma_{(2)}=-0.075-0.117=-0.192$

$\sigma_{(3)}=-0.359-0.567=-0.926$

$\sigma_{(4)}=-0.352-0.555=-0.907$

$\sigma_{(5)}=1.404+2.810=4.214$

$\sigma_{(6)}=1.415+1.577=2.992$

（CP法の理論式では圧縮をプラス，引張をマイナスとして扱っていることに注意されたい）

応用問題 20

収縮ひずみの最終値 ε'_{sh} の計算

　コンクリート構造物には，温度変化に起因したひずみの他に乾燥収縮によるひずみも生じる。これがひび割れの原因となることもある。2007年制定 土木学会コンクリート標準示方書［設計編］では，以下の式によりコンクリートの乾燥収縮ひずみを計算することとしている。

$$\varepsilon'_{cs}(t,t_0) = \left[1 - \exp\{-0.108(t-t_0)^{0.56}\}\right]\varepsilon'_{sh} \tag{1}$$

ここに，$\varepsilon'_{sh} = -50 + 78\left[-\exp(RH/100)\right] + 38\log_e W - 5\left[\log_e\left(\dfrac{V/S}{10}\right)^2\right]$ (2)

　ε'_{sh}：収縮ひずみの最終値（$\times 10^{-5}$）
　$\varepsilon'_{cs}(t,t_0)$：材齢 t_0 から t までのコンクリートの収縮ひずみ（$\times 10^{-5}$）
　RH：相対湿度（％）（45％ ≦ RH ≦ 80％）
　W：単位水量（kg/m³）（130 kg/m³ ≦ W ≦ 230 kg/m³）
　V：体積（mm³）
　S：外気に接する表面積（mm²）
　V/S：体積表面積比（mm）（100 mm ≦ V/S ≦ 300 mm）
　t_0 および t：乾燥収縮開始および乾燥中のコンクリート有効材齢であり，次式により補正した値を用いる。

$$t_0 \text{および } t = \sum_{i=1}^{n} \Delta t_i \cdot \exp\left[13.65 - \frac{4\,000}{273 + T(\Delta t_i)/T_0}\right] \tag{3}$$

　Δt_i：温度が T（℃）である期間の日数
　T_0：1℃

　単位水量 170 kg/m³，V/S = 300 mm，相対湿度 70％のとき，乾燥収縮ひずみの最終値を求めよ。

Ⅱ 問題

$$\varepsilon'_{sh} = \left[-50 + 78\{1 - \exp(70/100)\} + 38\log_e 170 - 5\left\{\log_e\left(\frac{300}{10}\right)^2\right\}\right] \times 10^{-5}$$

$$= \left[-50 + 78 \cdot (1 - 2.01) + 38 \cdot 5.14 - 5\{\log_e 900\}\right] \cdot (\times 10^{-5})$$

$$= (-50 - 78.8 + 195.3 - 5 \cdot 6.80) \times 10^{-5} = 32.5 \times 10^{-5} = 325 \times 10^{-6}$$

解 答

図A-20.1は，コンクリートの養生温度を20℃一定としたとき，式(2)により算出される収縮ひずみの最終値に対する各材齢での割合を示す。材齢10日では最終ひずみに対する割合は2割程度であるが，材齢3ヶ月では7割程度にまで大きくなる。したがって，このような時期にひび割れが発生した場合には，温度ひび割れの他に乾燥収縮の影響も考慮する必要がある。

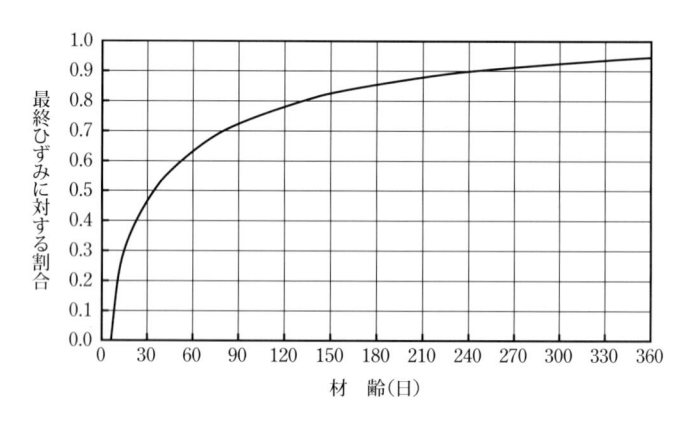

図A-20.1　各材齢における乾燥収縮ひずみの割合

◎参考文献
1) 日本コンクリート工学協会：マスコンクリートの温度応力研究委員会報告書，1985.11

応用問題 21

劣化によるひび割れ

海岸近くの処理場に建設された建設後約20年経過した擁壁下方側面で，劣化により図A-21.1に示すようなひび割れの発生が見られた。このひび割れの発生原因を推定せよ。

図A-21.1

解 答

1. ひび割れの特徴

写真から確認できるひび割れの特徴は，以下に示すとおりである。
① 鉛直方向のひび割れが卓越している。
② ひび割れ部に浮きが見られる。
③ ひび割れ部には漏水・水の滲出，漏水・水の滲出跡，エフロレッセンス，錆汁などの変状は見られない。
④ ひび割れ間隔に規則性が見られる。
⑤ 躯体表面に変色は見られない。

⑥　水の供給は躯体表面からの雨水だけ。

2. ひび割れ発生原因

　劣化によりひび割れが発生する原因としては，中性化，塩害，アルカリシリカ反応，凍害，化学的腐食，疲労などが挙げられる。当該擁壁の供用条件および躯体表層の状態（変色，ぜい弱化などが見られない）から，化学的腐食および疲労は，原因から除かれる。

　劣化によるひび割れの発生要因としては，鉄筋などの鋼材の腐食膨張（中性化，塩害），骨材の膨張（アルカリシリカ反応），水の凍結膨張に起因する静水圧作用（凍害），エトリンガイトの生成（化学的腐食）などが挙げられる。エトリンガイトの生成，つまり化学的腐食は，供用条件等から除かれたので，それ以外の要因について以下に考察した。

　擁壁側面の中央部で骨材の膨張圧あるいは水の凍結膨張に起因する静水圧が作用した場合，それらの力による変形は，周囲のコンクリートや鉄筋などにより拘束される。そのため，力の発生源の周囲に引張力が発生することになる。その場合，発生するひび割れは亀甲状を呈する傾向が見られるが，当該擁壁のひび割れパターンにはこの傾向は見られない。また，これらの現象が発生するには水の供給が不可欠であるが，写真からも確認されるように該当箇所にはそのような状況，痕跡は認められない。このようなことから，アルカリシリカ反応および凍害は，ひび割れ原因ではないと評価される。

　発生しているひび割れおよび浮きは，ほぼ鉛直方向に，また配筋に沿うような傾向で発生している。この傾向は，鉄筋腐食によるひび割れパターンと合致している。中性化あるいは塩害により鉄筋の不動態皮膜が消失あるいは破壊されて，そこへ水，酸素が供給されて鉄筋の腐食が始まる。鉄筋の腐食生成物は，一般に2〜4倍，平均で3倍程度膨張すると言われている。この膨張変形に伴い，鉄筋周囲に引張力が発生し，この引張力がひび割れを発生させる駆動力となる。このため，鉄筋の腐食によるひび割れ（腐食ひび割れと称されている）は，鉄筋に沿って発生する傾向を示す。このことから，ひび割れ原因としては，次の2つが推定される。

　　①　中性化
　　②　塩害

応用問題 22

擁壁頂部のひび割れ

　温暖な地域の海岸から 100 m 離れた箇所に建設された建設後約 25 年経過した擁壁の頂部で，劣化により図A-22.1 に示すようなひび割れの発生が見られた。このひび割れの発生原因を推定せよ。

図A-22.1

解 答

1．ひび割れの特徴

　写真から確認できるひび割れの特徴は，以下に示すとおりである。
　① 長手方向のひび割れが卓越している。
　② ひび割れ部には漏水・水の滲出，漏水・水の滲出跡，エフロレッセンス，錆汁などの変状は見られない。
　③ ひび割れを境にした地盤側の汚れ以外に，躯体表面に変色は見られない。
　④ 水の供給は躯体表面からの雨水だけ。

2．ひび割れ発生原因

　劣化によりひび割れが発生する原因としては，中性化，塩害，アルカリシリカ反応，凍害，化学的腐食，疲労，火災などが上げられる。当該擁壁の供

Ⅱ 問題

用条件,環境条件および躯体表層の状態(変色,ぜい弱化などが見られない)から,凍害,化学的腐食および疲労は,原因から除かれる。なお,凍害は,温暖な地域であることから凍結融解作用を受ける可能性は小さいと判断されるので,原因から除いた。

劣化によるひび割れの発生要因としては,鉄筋などの鋼材の腐食膨張(中性化,塩害),骨材の膨張(アルカリシリカ反応),水の凍結膨張に起因する静水圧作用(凍害),エトリンガイトの生成(化学的腐食)などが上げられる。凍害および化学的腐食は,環境条件,供用条件等から除かれたので,それ以外の要因について以下に考察した。

擁壁の天端で骨材の膨張圧あるいは鉄筋の膨張圧が作用した場合,それらの力による変形は,周囲のコンクリートや鉄筋などにより拘束される。この場合,当該擁壁の天端は,長手方向はコンクリートが連続して,また両側が自由面なっているため,変形は自由面側が大きくなる。その結果,自由面側の方向の引張力が卓越し,ひび割れが発生した場合には,引張力と直交方向,つまり,部材長手方向のひび割れが卓越することになる。この傾向は,写真のひび割れと合致するものであり,ひび割れの発生原因として「中性化」,「塩害」,および「アルカリシリカ反応」が上げられる。

以上のことから,ひび割れ原因としては,次の3つが推定される。

① 中性化
② 塩害
③ アルカリシリカ反応

応用問題 23

海岸部パラペットのひび割れ

　海岸に建設された建設後約 15 年経過したパラペットで，劣化により図 A-23.1 に示すようなひび割れの発生が見られた。このひび割れの発生原因を推定せよ。

図 A-23.1

解　答

1．ひび割れの特徴

　写真から確認できるひび割れの特徴は，以下に示すとおりである。

① 　パラペットの天端および側面に，長手方向のひび割れが発生している。

② 　側面の長手方向のひび割れは，側面の上方部に発生している傾向が見られる。

③ 　ひび割れ幅が大きい傾向が見られる。

④ 　白い析出物が，ひび割れ部から流出したような状態が見られる。

⑤ ひび割れ部には漏水・水の滲出，漏水・水の滲出跡，錆汁などの変状は見られない。

⑥ 天端で，黄褐色に変色したような状況が見られる。

⑦ 水の供給は躯体表面からの雨水と波浪による海水が考えられる。

2. ひび割れ発生原因

劣化によりひび割れが発生する原因としては，中性化，塩害，アルカリシリカ反応，凍害，化学的腐食，疲労，火災などが上げられる。当該パラペットの供用条件，環境条件および躯体表層の状態（ぜい弱化などが見られない）から，化学的腐食および疲労は，原因から除かれる。

劣化によるひび割れの発生要因としては，鉄筋などの鋼材の腐食膨張（中性化，塩害），骨材の膨張（アルカリシリカ反応），水の凍結膨張に起因する静水圧作用（凍害），エトリンガイトの生成（化学的腐食）などが上げられる。化学的腐食は，環境条件，供用条件等から除かれたので，それ以外の要因について以下に考察した。

パラペットの天端および側面に長手方向のひび割れが多く見られること，また鉛直方向のひび割れがほとんど発生していないこと，さらに配筋（RC構造と仮定した場合）との相関性がないことから，鉄筋の腐食によるひび割れではないと評価される。一般のパラペット構造物は無筋コンクリートであることから，このような評価は妥当であると考えられる。結果として，鉄筋の腐食によるひび割れ，つまり中性化および塩害によるひび割れではないと評価される。

次に，パラペットの頂部で骨材の膨張あるいは水の凍結膨張に起因する静水圧作用が生じた場合，パラペットのコンクリートは，長手方向および下方部のコンクリートが連続していることから，頂部の自由面側を上方部に押し上げるような変形（図A-23.2中の青の点線），またパラペット両側面を押し出すような変形（図A-23.2中の青の点線）が卓越することになる。つまり，上向きおよび左右に引張力（図A-23.2中の赤の実線）が作用することになる。その結果，発生した引張力と直交する方向にひび割れが発生する。パラペット天端および側面のひび割れはこの傾向と合致している。このことから，ひび割れ原因としては，次の2つに絞り込まれる。

応用問題 23　海岸部パラペットのひび割れ

① 凍害（水の凍結膨張に起因する静水圧作用）
② アルカリシリカ反応（骨材の膨張）

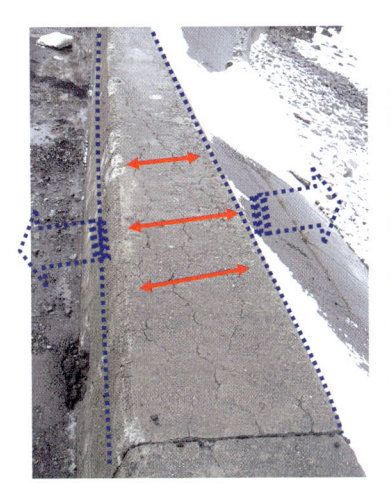

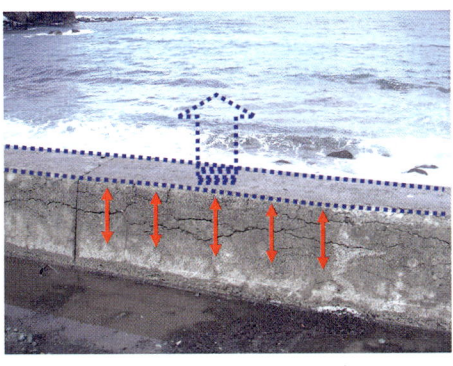

図A-23.2　変形と発生力との関係

応用問題 24

寒冷地擁壁頂部のひび割れ

寒冷地に建設された建設後約15年経過した擁壁の頂部で，劣化により図A-24.1に示すようなひび割れの発生が見られた。このひび割れの発生原因を推定せよ。

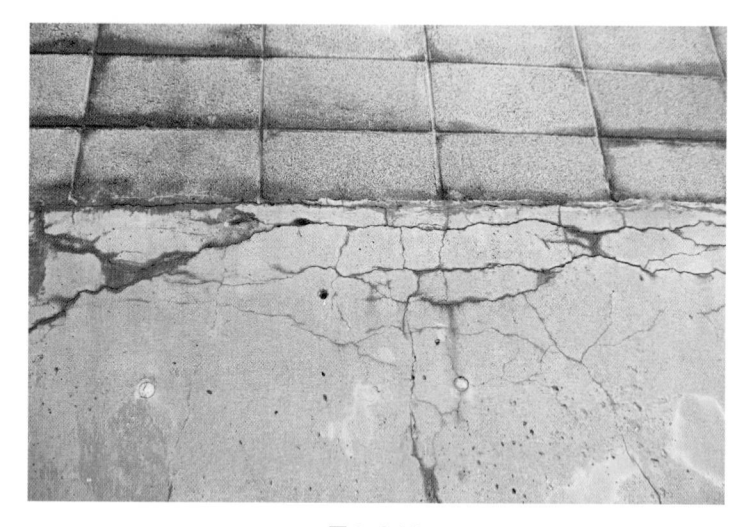

図A-24.1

解答

1. ひび割れの特徴

  図A-24.1から確認できるひび割れの特徴は，以下に示すとおりである。
  ① 頂部は水平方向のひび割れが卓越している。
  ② 水平方向のひび割れは，上方のひび割れのひび割れ幅が大きい傾向が見られる。
  ③ 水平ひび割れ間を分割するように鉛直方向のひび割れが発生している。

④　水平方向のひび割れには水の滲出，滲出跡，一部錆汁跡（黒褐色）が見られる．
⑤　写真の下から上方に向かう比較的長い鉛直方向のひび割れが見られるが，これらのひび割れは，中央のひび割れを除いて水の滲出跡は見られない．
⑥　頂部のひび割れパターンは，水平ひび割れが卓越したパターンと評価される．亀甲状パターンのひび割れではないと評価される．
⑦　躯体表面に顕著な変色は見られない．補修跡と思われる箇所を除いて．
⑧　ひび割れ部に白色の析出物は見られない．

2．ひび割れ発生原因

劣化により部材の端部にひび割れが発生する原因としては，中性化，塩害，アルカリシリカ反応，凍害，化学的腐食，疲労などが上げられる．当該擁壁の供用条件および躯体表層部から，化学的腐食および疲労は，原因から除かれる．

劣化によるひび割れの発生要因としては，鉄筋などの鋼材の腐食膨張（中性化，塩害），骨材の膨張（アルカリシリカ反応），水の凍結膨張に起因する静水圧作用（凍害），エトリンガイトの生成（化学的腐食）などが上げられる．エトリンガイトの生成，つまり化学的腐食は，供用条件等から除かれたので，それ以外の要因について以下に考察した．

水平方向のひび割れが擁壁頂部に多く見られること，ひび割れ間隔および方向性が配筋（RC構造と仮定した場合）と合致する傾向がないことなどから，鉄筋の腐食によるひび割れではないと評価される．つまり，中性化および塩害によるひび割れではないと考えられる．

次に，擁壁の頂部で骨材の膨張あるいは水の凍結膨張に起因する静水圧作用が生じた場合，頂部のコンクリートは，下方部はコンクリートが連続していることから，頂部の自由面，上方部に押し上げるような変形（図A-24.2中の青の点線）が卓越することになる．つまり，上方に引張力（図A-24.2中の赤の実線）が作用することになる．その結果，発生した引張力と直交する方向にひび割れが発生する．擁壁頂部のひび割れはこの傾向と合致している．このことから，ひび割れ原因としては，次の2つに絞り込まれる．

① 凍害（水の凍結膨張に起因する静水圧作用）
② アルカリシリカ反応（骨材の膨張）

　ひび割れの発生パターンからは，凍害とアルカリシリカ反応の2つの原因が抽出された。この結果と，さらに躯体表層部の変色状況，亀甲状ひび割れはほとんど見られないこと，および白色の析出物が見られないことを合わせて，総合的にひび割れ原因を評価した。結果として，擁壁頂部に発生しているひび割れ原因は，「凍害」によるものと推定される。

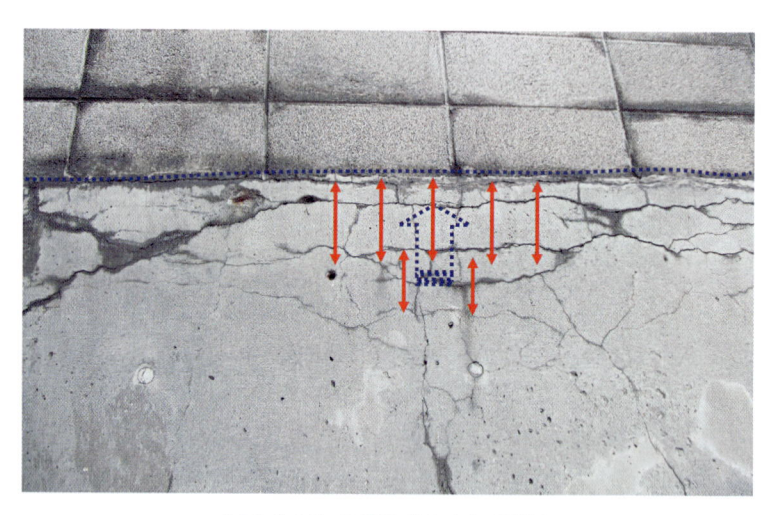

図A-24.2　変形と発生力との関係

応用問題 25

寒冷地山間地域の擁壁頂部のひび割れ

　寒冷地の山間部に建設された建設後約 20 年経過した擁壁の頂部で，劣化により図 A-25.1 に示すようなひび割れの発生が見られた。このひび割れの発生原因を推定せよ。

図 A-25.1

解 答

1. ひび割れの特徴

　写真から確認できるひび割れの特徴は，以下に示すとおりである。
　① ひび割れは頂部の水平方向に発生し，またコーナー部で斜め方向に発生している。さらに，側面では鉛直方向に発生している。
　② ひび割れ部に白い析出物（エフロレッセンスの可能性大）が見られる。
　③ ひび割れ部に漏水跡，錆汁が見られる。

④　ひび割れ部からの滲出物以外の物質による変色は見られない。
　⑤　多くのひび割れ部に白い析出物が見られる。

2. ひび割れ発生原因

　劣化により部材の端部にひび割れが発生する原因としては，中性化，塩害，アルカリシリカ反応，凍害，化学的腐食，疲労などが上げられる。当該擁壁の供用条件および躯体表層部から，化学的腐食および疲労は，原因から除かれる。

　劣化によるひび割れの発生要因としては，鉄筋などの鋼材の腐食膨張（中性化，塩害），骨材の膨張（アルカリシリカ反応），水の凍結膨張に起因する静水圧作用（凍害），エトリンガイトの生成（化学的腐食）などが上げられる。エトリンガイトの生成，つまり化学的腐食は，供用条件等から除かれたので，それ以外の要因について以下に考察した。

　ひび割れは天端近傍および側面では面に平行に，またコーナー部では回り込む傾向で発生している。天端近傍の水平方向のひび割れの間隔は，小さい傾向が見られる。一部のひび割れでは錆汁が見られるが，多くのひび割れには白い析出物だけが確認できる状況である。このようなひび割れの発生状況，ひび割れ間隔および方向性が配筋と合致する傾向がないことなどから，鉄筋の腐食によるひび割れではないと評価される。つまり，中性化および塩害によるひび割れではないと考えられる。塩害については，環境条件，供用条件などからも，ひび割れ発生原因ではないと評価される。

　次に，擁壁の頂部で骨材の膨張あるいは水の凍結膨張に起因する静水圧作用が生じた場合，コンクリートは，下方部のコンクリートが連続していることから，頂部および側部の自由面側を上方部に押し上げるような変形，また側面を押し出すような変形が卓越することになる。つまり，上向きおよび右側に引張力（図A-23.2 中の赤の実線）が作用することになる。その結果，発生した引張力と直交する方向にひび割れが発生する。頂部および側面のひび割れはこの傾向と合致している。また，コーナー部には回り込むようなひび割れが発生しているが，これは，図A-25.3 に示すように，上方および右側への変形を引き起こす駆動力（引張力）の合力が斜め方向になるために発生したものと推測される。以上のことから，ひび割れ原因としては，次の2つに

絞り込まれる。
- ① 凍害（水の凍結膨張に起因する静水圧作用）
- ② アルカリシリカ反応（骨材の膨張）

ひび割れの発生パターンからは，凍害とアルカリシリカ反応の2つの原因が抽出された。この結果と，さらに躯体表層部の変色状況，亀甲状ひび割れはほとんど見られないこと，および白色の析出物がエフロレッセンスと評価されることを合わせて，総合的にひび割れ原因を評価した。結果として，擁壁頂部に発生しているひび割れ原因は，「凍害」によるものと推定される。

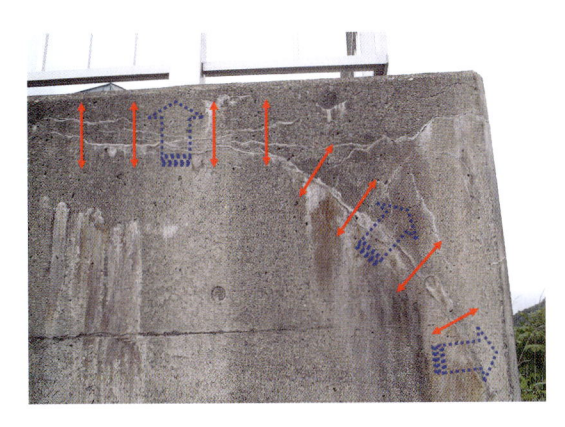

図A-25.2 変形と発生力との関係

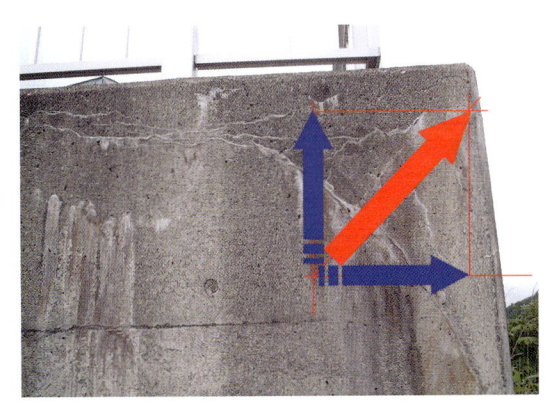

図A-25.3 コーナー部のひび割れと引張力との関係

フランス南部ミヨー近郊のタルン川渓谷にかかる 8 径間連続の斜張橋(全長 2 460 m)である。最高橋脚高 245 m, 主塔の高さ 343 m で世界一高い橋として知られている。

Esbly 橋(1951 年：橋長 74m) はじめマルヌ 5 橋は, フレシネの設計によりマルヌ川に架設された PC 橋である。

ブレストとプルガステルを結ぶエルロン川に架かる新旧2橋。左は, フレシネの設計によるコンクリートアーチのプルガステル橋：Albert Louppe 橋(1830 年：橋長 540 m＝3 ×180 m)。右は, PC 斜張橋の Iroise 橋 (1994 年)。

ナポレオンにより1800年から整備着手されたシンプロン峠道のアーチ橋とクリスチャン・メンの設計によるGanter橋(1980年：678 m)。

スイス・レマン湖沿いのChillon高架橋(1969年：橋長2 100 m)：景観に調和した連続桁と自然破壊を抑えた2枚壁コンクリート橋脚。

Waterloo橋(1942年，橋長381m)は，ロンドン・テムズ河に架かる5径間RCゲルバーげた橋。

[著者略歴]

川上　洵（かわかみ・まこと）
秋田大学大学院工学資源学研究科 教授 工学博士
1974年　北海道大学大学院工学研究科博士課程修了

小野　定（おの・さだむ）
C&Rコンサルタント 代表取締役社長 工学博士
1974年　北海道大学大学院工学研究科修士課程修了
技術士（建設部門，総合技術監理部門），コンクリート診断士

岩城　一郎（いわき・いちろう）
日本大学工学部 教授 博士（工学）
1988年　東北大学大学院工学研究科修士課程修了

石川　雅美（いしかわ・まさみ）
東北学院大学工学部 教授 博士（工学）
1984年　法政大学大学院工学研究科修士課程修了

コンクリート構造物の力学基礎　　　定価はカバーに表示してあります。

2011年4月20日　1版1刷発行　　　ISBN 978-4-7655-1779-9 C3051

著　者　　川　上　　　　洵
　　　　　小　野　　　　定
　　　　　岩　城　一　　郎
　　　　　石　川　雅　　美

発行者　　長　　滋　彦

発行所　　技報堂出版株式会社

日本書籍出版協会会員
自然科学書協会会員
工学書協会会員
土木・建築書協会会員

〒101-0051　東京都千代田区神田神保町1-2-5
電　話　営　業　(03) (5217) 0885
　　　　編　集　(03) (5217) 0881
F A X　　　　　(03) (5217) 0886
振替口座　00140-4-10
http://gihodobooks.jp/

Printed in Japan

©Makoto Kawakami et al, 2011　　　装幀 ジンキッズ　印刷・製本 三美印刷

落丁・乱丁はお取り替えいたします。
本書の無断複写は，著作権法上での例外を除き，禁じられています。